INSTALAÇÕES ELÉTRICAS PREDIAIS

G293i Gebran, Amaury Pessoa.
　　　　　Instalações elétricas prediais / Amaury Pessoa Gebran, Flávio Adalberto Poloni Rizzato. – Porto Alegre : Bookman, 2017.
　　　　　x, 222 p. : il. ; 25 cm.

　　　　　ISBN 978-85-8260-419-9

　　　　　1. Engenharia elétrica. 2. Instalações prediais. I. Rizzato, Flávio Adalberto Poloni. II. Título.

CDU 621.316.17

Catalogação na publicação: Poliana Sanchez de Araujo – CRB 10/2094

AMAURY PESSOA GEBRAN
FLÁVIO ADALBERTO POLONI RIZZATO

INSTALAÇÕES ELÉTRICAS PREDIAIS

bookman

2017

© Bookman Companhia Editora Ltda., 2017

Gerente editorial: *Arysinha Jacques Affonso*

Colaboraram nesta edição:
Processamento pedagógico: *Caroline Vieira*
Ilustrações: *Tâmisa Trommer*
Capa e projeto gráfico: *Paola Manica*
Imagem da capa: *chuyu/Bigstock*
Editoração: *Kaéle Finalizando Ideias*

As Normas ABNT são protegidas pelos direitos autorais por força da legislação nacional e dos acordos, convenções e tratados em vigor, não podendo ser reproduzidas no todo ou em parte sem a autorização prévia da ABNT – Associação Brasileira de Normas Técnicas. As Normas ABNT citadas nesta obra foram reproduzidas mediante autorização especial da ABNT.

Reservados todos os direitos de publicação à
BOOKMAN EDITORA LTDA., uma empresa do GRUPO A EDUCAÇÃO S.A.
A série Tekne engloba publicações voltadas à educação profissional e tecnológica.

Av. Jerônimo de Ornelas, 670 – Santana
90040-340 – Porto Alegre – RS
Fone: (51) 3027-7000   Fax: (51) 3027-7070

SÃO PAULO
Rua Doutor Cesário Mota Jr., 63 – Vila Buarque
01221-020 – São Paulo – SP
Fone: (11) 3221-9033

SAC 0800 703-3444 – www.grupoa.com.br

É proibida a duplicação ou reprodução deste volume, no todo ou em parte, sob quaisquer formas ou por quaisquer meios (eletrônico, mecânico, gravação, fotocópia, distribuição na Web e outros), sem permissão expressa da Editora.

IMPRESSO NO BRASIL
PRINTED IN BRAZIL

Os autores

Amaury Pessoa Gebran é engenheiro eletricista pela Universidade Federal do Paraná, especialista em disjuntores a SF6 pela École Centrale de Lyon (França), pós-graduado em operação de sistemas elétricos de potência pela Universidade Federal de Minas Gerais e mestre em educação pela Universidade Tecnológica Federal do Paraná. Atuou como professor na Escola de Engenharia de Joinville, professor do curso de engenharia elétrica com ênfase em eletrotécnica na Universidade Tecnológica Federal do Paraná e coordenador-professor dos cursos de engenharia elétrica da Universidade Tuiuti do Paraná. Atualmente é professor do curso técnico em eletrotécnica e diretor de Ensino, Pesquisa e Extensão do campus Campo Largo do Instituto Federal de Educação, Ciência e Tecnologia do Paraná. O prof. Gebran é autor dos capítulos 1, 2, 11, 12 e 13 e coautor dos capítulos 14 e 15 deste livro.

Flávio Adalberto Poloni Rizzato é professor do Instituto Federal de Educação do Paraná no campus Campo Largo. Formado em engenharia elétrica pela Fundação Armando Álvares Penteado e mestre em educação pela Universidade Tuiuti do Paraná, Rizzato atuou como docente na Universidade Tecnológica Federal do Paraná, da Pontifícia Universidade Católica do Paraná e do Colégio e Faculdade ENSITEC. O prof. Rizzato é autor dos capítulos 3, 4, 5, 6, 7, 8, 9 e 10 e coautor dos capítulos 14 e 15 deste livro.

Prefácio

Durante nossos anos de atividade acadêmica, sempre sentimos falta de uma literatura que aborde as reais necessidades dos alunos de cursos técnicos de eletrotécnica na disciplina de instalações elétricas prediais. Foi a partir dessa necessidade que decidimos elaborar este texto. Nele privilegiamos o conteúdo básico da disciplina, sem preocupação com aspectos que não seriam necessários ao desenvolvimento das atividades laborais de um profissional de nível técnico.

Esta obra foi concebida como um texto de fácil compreensão, sem a necessidade de conhecimentos avançados de matemática. Procuramos escrever um livro que sirva tanto para o leigo como para o leitor mais experiente. Esperamos que vocês gostem.

Sumário

capítulo 1
Introdução à eletricidade 1
Materiais elétricos 2
Carga elétrica 5
Corrente elétrica 7
Tensão elétrica 8
Resistência elétrica 11
Circuitos 12
Leis da eletricidade: leis de Ohm e de Kirchhoff 15
Atividades 18

capítulo 2
Energia elétrica 19
Sistema elétrico de potência 20
Atividades 29

capítulo 3
Normas e simbologia 30
Normas técnicas 31
Simbologia 37
Atividades 46

capítulo 4
Ferramentas utilizadas 47
Utilização e cuidados 48
Tipos de ferramentas 48
Alicates 49
Chaves 54
Arco e lâmina de serra 58
Serra copo 59
Canivete e estilete 60
Talhadeira, punção e saca-pino 60
Martelo 61
Lima 61
Ferro de solda 62

Metro, trena, escala e esquadro 63
Lâmpada teste 64
Guias ou passa fios 64
Furadeira e brocas 65
Diversos 66
Atividades 66

capítulo 5
Fios e cabos 68
Condutores 69
Dimensionamento 72
Tipos de condutores 101
Atividades 105

capítulo 6
Eletrodutos 106
Classificação 107
Dimensionamento 108
Atividades 114

capítulo 7
Dispositivos de proteção e seccionamento 115
Fusíveis 116
Disjuntores 119
Disjuntor termomagnético (DTM) 119
Classes de disjuntores 121
Disjuntor diferencial residual
e interruptor diferencial residual 122
Dimensionamento de disjuntores 123
Atividades 124

capítulo 8
Componentes da instalação 125
Interruptor 126
Tomada 131

Placa 133
Receptáculo de lâmpada 133
Relé fotoelétrico 135
Sensor de presença 136
Campainha 137
Lâmpada de emergência 138
Minuteria 139
Dimmer 140
Relé de impulso 140
Atividades 141

capítulo 9
Previsão de cargas 142
Cargas de tomadas 143
Divisão da instalação 144
Cargas de iluminação 145
Cargas especiais 147
Atividades 147

capítulo 10
Luminotécnica 148
Conceitos e grandezas fundamentais 149
Espectro de radiações luminosas 154
Lâmpadas 155
Luminárias 160
Métodos de cálculo de iluminação 161
Atividades 162

capítulo 11
Aterramento 163
A função do aterramento 164
Conceitos 164
Esquemas de aterramento 169
Sistemas de proteção contra descargas
atmosféricas 173
Equalização de potencial 176
Formação das descargas atmosféricas ... 177
Atividades 179

capítulo 12
Fator de potência 180
Fundamentos teóricos 181
Significado do fator de potência 185
Cálculo da potência reativa de compensação 188
Atividades 189

capítulo 13
Segurança em instalações elétricas ... 190

capítulo 14
Eficiência energética 193
Conceito 194
Eficiência energética nas instalações elétricas 194
Atividades 199

capítulo 15
Projeto elétrico 200
Partes de um projeto 201
Exemplo de projeto 205

Referências 219

CAPÍTULO 1

Introdução à eletricidade

Eletricidade é uma forma de energia. Assim, podemos afirmar que o estudo da eletricidade consiste em aprender maneiras de controlar a energia elétrica.

OBJETIVOS DE APRENDIZAGEM

- Definir elementos, compostos e resistência, bem como reconhecer suas funções nas instalações elétricas.
- Descrever corrente elétrica, carga elétrica, tensão elétrica (contínua e alternada) e resistência elétrica, reconhecendo a importância e utilidade de cada uma delas na compreensão da eletricidade.
- Explicar o funcionamento dos circuitos série, paralelo, monofásico, bifásico e trifásico.
- Relatar o surgimento e o conceito das leis da eletricidade.

Materiais elétricos

Todos os corpos são formados por matéria e podem ser classificados em elementos ou compostos. Dentro de cada pedaço de matéria há **átomos**, as menores partículas que a compõem.

> A diferença entre elementos e compostos é que os **elementos** têm todos os átomos iguais. Esse é o caso do alumínio, do cobre, do hidrogênio e do oxigênio. Já os **compostos** são formados por combinações de elementos, como ocorre com a água, que é formada por hidrogênio e oxigênio.

Aqui estamos interessados nos materiais elétricos, classificados em função de suas características, que os habilitam a:

- conduzir as correntes elétricas (*materiais condutores*);
- isolar as correntes elétricas (*materiais isolantes*);
- transformar energia elétrica em energia mecânica (*materiais magnéticos*);
- controlar energia elétrica (*materiais semicondutores*).

Vamos pensar agora nas instalações elétricas: classificaremos os materiais condutores e isolantes somente quanto às suas propriedades elétricas, embora também seja possível classificá-los segundo suas propriedades físicas, químicas e mecânicas.

A **resistividade** é a propriedade elétrica que caracteriza um material elétrico, determinando a sua resistência, como veremos adiante.

A resistividade de um material é dada por:

$$R = \rho \frac{L}{A}$$

onde:

- R é a resistência do material
- L é o comprimento do material em metros
- A é a área da secção reta em metros quadrados
- e ρ (rô) é a resistividade do ρ material. Sua unidade no SI (Sistema Internacional de Unidades) é ohm · metro, ou $\Omega \cdot m$.

Veja exemplos de resistividade na Tabela 1.1.

Tabela 1.1 >> **Resistividade de alguns materiais na temperatura de 20°C**

Prata	$1,64 \times 10^{-8}$
Cobre recozido	$1,72 \times 10^{-8}$
Alumínio	$2,83 \times 10^{-8}$
Ferro	$12,3 \times 10^{-8}$

Podemos dizer, então, que os materiais com resistividade próxima de $10^{-8}\,\Omega \cdot m$ são bons condutores; com valores na ordem de $10^{10}\,\Omega \cdot m$ são isolantes; e, em uma faixa intermediária, na ordem de 10^{-4} e $10^{7}\,\Omega \cdot m$, temos os semicondutores.

Repare que citamos as resistividades a 20°C, uma vez que há uma variação da resistividade com a temperatura, o que alterará a resistência do material. Essa variação é praticamente linear, ou seja, quanto maior a temperatura, maior será a resistividade e, portanto, a resistência do material.

>> Condutores

Os materiais condutores conduzem bem a eletricidade, pois têm uma estrutura que permite que elétrons se movam livremente. Ainda assim, sempre haverá alguma perda de energia.

Figura 1.1 >> Metais são condutores sólidos típicos. O cobre, por exemplo, é um condutor muito utilizado em fiações elétricas.
Fonte: FactoryTh/iStock/Thinkstock.

>> Isolantes

Nos materiais isolantes, não há movimento livre dos elétrons. Esse é um material cujos elétrons estão fortemente ligados ao núcleo atômico, sendo, portanto, incapazes de escapar e mover-se livremente através do material.

Figura 1.2 >> Isolantes típicos são vidros, plásticos e tecidos. Muitas fitas isolantes, por exemplo, são feitas de plástico.
Fonte: Purestock/Thinkstock.

>> Semicondutores

O material semicondutor é um meio termo entre o condutor e o isolante. Os mais utilizados são o silício (Si) e o germânio (Ge). Esses materiais não são nem bons condutores, nem bons isolantes. Ou seja, eles permitem que um fluxo de corrente os atravesse, ainda que com resistência considerável. São importantes por servir de base para componentes eletrônicos como diodos, transistores e circuitos integrados.

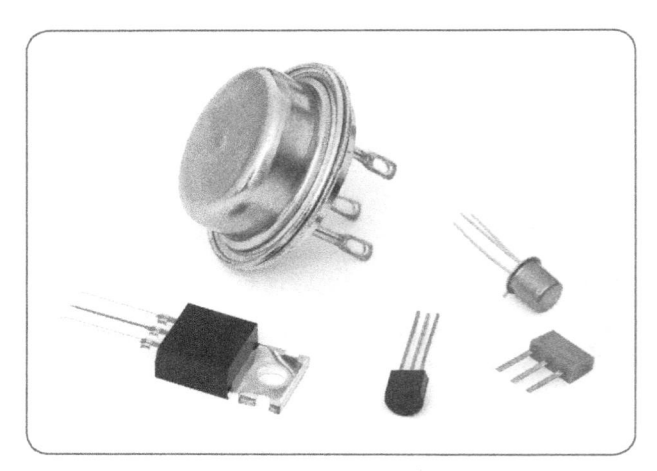

Figura 1.3 >> Os materiais utilizados na fabricação do transistor são principalmente o silício (Si) e o germânio (Ge).
Fonte: Alexander Khromtsov/Hemera/Thinkstock.

>> Carga elétrica

No estudo da eletricidade, somente são relevantes as partículas principais que compõem o átomo: o elétron, o próton e o nêutron. Tanto elétrons quanto prótons possuem carga elétrica, embora com polaridades opostas. O **elétron** tem carga elétrica negativa (−) e o **próton**, carga elétrica positiva (+).

> Existem dois tipos de carga elétrica, positiva e negativa. Cargas de mesmo sinal se repelem, e cargas opostas se atraem. Em seu estado natural, ou de equilíbrio, um átomo possui carga elétrica total nula, ou seja, ele possui sempre a mesma quantidade de elétrons e de prótons. A maioria dos materiais que nos cercam é **eletricamente neutra**.

Quando o número de prótons é diferente do número de elétrons, dizemos que o corpo está **eletrizado** ou **carregado**. Um corpo eletrizado negativamente tem maior número de elétrons do que de prótons, fazendo com que a carga elétrica sobre o corpo seja negativa. Um corpo eletrizado positivamente tem maior número de prótons do que de elétrons, fazendo com que a carga elétrica sobre o corpo seja positiva. O processo de transferência de elétrons de um objeto para outro constitui a chamada **eletricidade estática**.

> Os gregos sabiam que, se esfregassem um pedaço de lã em um pedaço de âmbar, conseguiriam atrair objetos pequenos e leves com o âmbar. Hoje, sabemos que o âmbar, ao ser esfregado pelo pano, recebe dele partículas negativamente carregadas denominadas elétrons.

Mas como podemos mover elétrons de um corpo para outro? Uma forma é encostá-los (**eletrização por contato**; Figura 1.4). Se os corpos forem feitos de materiais diferentes e forem isolantes, os elétrons poderão se descolar de um corpo ao outro.

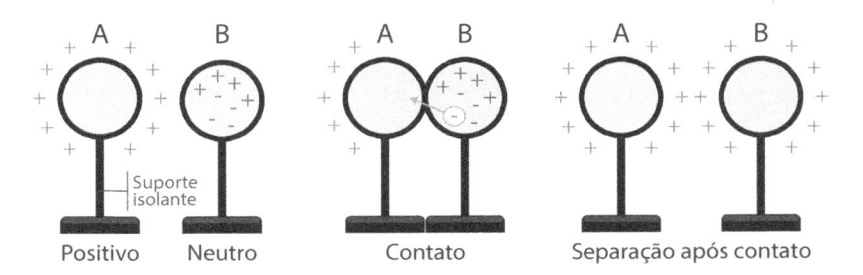

Figura 1.4 >> Eletrização por contato.
Fonte: Autores.

A eletrização também pode ser por **atrito** (ambos os corpos são neutros). Quando esfregamos uma régua no cabelo, por exemplo, ela passa a atrair pequenos pedaços de papel. Estamos mexendo com os elétrons da régua, e o atrito gera um desequilíbrio de cargas, como se a régua estivesse "capturando" elétrons do cabelo. Assim, ela fica com mais elétrons, ou seja, carregada negativamente. Para voltar ao seu equilíbrio elétrico, que é seu estado natural, ela atrai o papel, que está carregado positivamente. Assim, quando o pedaço de papel se solta, significa que ambos estão em equilíbrio elétrico. Veja a Figura 1.5.

Figura 1.5 >> Eletrização por atrito: (a) esfregar uma régua no cabelo e, em seguida, (b) encostá-la numa folha de papel.
Fonte: Arquivo da editora.

Um corpo carregado pode atrair outros que não estejam carregados, pois ele pode induzir carga na superfície do objeto inicialmente descarregado. Trata-se da **eletrização por indução**, em que o contato entre os corpos não é obrigatório. Como exemplo, considere uma nuvem carregada eletricamente durante uma tempestade. A nuvem irá induzir na superfície cargas de sinais opostos, criando um campo elétrico entre ela e a superfície. Se o campo elétrico for muito intenso, o ar pode funcionar como condutor de eletricidade e teremos uma descarga elétrica muito forte, conhecida como raio. Veja a Figura 1.6.

Figura 1.6 >> Os raios são um exemplo de eletrização por indução.
Fonte: Ingram Publishing/Thinkstock.

No final do século XVIII, Charles Augustin Coulomb fez medidas experimentais sobre as forças de interação entre duas cargas elétricas. A partir dessas medidas, foi possível convencionar que a carga elétrica tem por unidade o coulomb (em homenagem ao autor). Essa convenção surgiu a partir da utilização de uma balança de torção que obteve os seguintes resultados: duas cargas elétricas colocadas no vácuo a uma distância **r** uma da outra em repouso exercem entre elas uma força de atração se tiverem sinais contrários (positiva e negativa) e uma força de repulsão se tiverem o mesmo sinal, que é proporcional ao produto das cargas e inversamente proporcional ao quadrado da distância entre elas, ou matematicamente:

$$F = K \frac{q_1 \times q_2}{r^2}$$

em que:

- F é a força de atração ou repulsão entre as cargas em newtons
- q_1 é valor da carga 1 em coulombs
- q_2 é valor da carga 2 em coulombs
- r a distância entre as cargas em metros
- k é a constante eletrostática e vale $8,99 \times 10^9 \ N \cdot m^2/C^2$

>> Corrente elétrica

A **corrente elétrica** corresponde ao movimento no interior de um condutor de cargas geralmente negativas – os **elétrons**. O sentido convencional da corrente é orientado do polo positivo para o negativo.

> Durante os estudos primordiais sobre condução da eletricidade, os cientistas pensavam que as partículas que se deslocavam no interior dos materiais estavam carregadas positivamente e, em consequência disso, definiram um sentido convencional para a corrente como o sentido de deslocamento das cargas positivas.
>
> Mais tarde verificou-se que eram os elétrons carregados negativamente que se deslocavam nos metais e permitiam a circulação da corrente elétrica.

De fato, em um condutor metálico, as partículas carregadas e móveis são os elétrons, pouco ligados ao átomo aos quais pertencem e que facilmente podem ser dele arrancados. Os elétrons livres são os que se deslocam facilmente no interior dos materiais metálicos. Dessa forma, a corrente elétrica é o deslocamento de um conjunto dessas cargas elétricas.

A corrente elétrica surge a partir da aplicação de uma força externa que pode ter origem mecânica, magnética ou elétrica.

Em nosso estudo, vamos focar na aplicação de uma força elétrica, que pode ser uma pilha, uma bateria, um gerador, ou seja, meios que podem gerar uma diferença de potencial.

Quando aplicamos a diferença de potencial na extremidade de um condutor, ela provoca o deslocamento dos elétrons livres, pois criou um campo elétrico. Esse campo tem a direção do menor potencial e cria o que chamamos de corrente elétrica.

A medida da quantidade desse deslocamento de cargas é chamada de intensidade de corrente elétrica e sua unidade é o ampère, homenagem ao pesquisador André-Marie Ampère. Dizemos que 1 A (um ampère) de corrente é o deslocamento de um coulomb através de um ponto qualquer de um condutor durante um intervalo de tempo de um segundo. Lembrando que um coulomb equivale à carga transportada por $6,24 \cdot 10^{18}$ elétrons, e que a carga de um elétron é de $1,6 \cdot 10^{-19}$, então nossa definição de intensidade de corrente pode ser representada pela equação:

$$I = Q/t$$

Em que:

- I = corrente em ampères
- Q = carga em coulombs
- t = tempo em segundos

Para finalizar, é importante que não haja confusão entre Q e I. Q (carga em coulombs) representa um acúmulo de cargas e I (intensidade de corrente) mede a intensidade de cargas em movimento.

>> Tensão elétrica

Ao pensarmos em um condutor elétrico, sabemos que em seu interior os elétrons livres não estão em repouso, pois se movimentam em razão da agitação térmica. Entretanto, esse movimento não se traduz em uma corrente elétrica porque é totalmente aleatório.

Para que haja circulação de uma corrente elétrica é necessário que um trabalho, em termos da física, seja realizado pela aplicação de um campo elétrico. Ao aplicarmos esse campo aos dois lados do condutor, uma diferença de potencial aparece e conduz à movimentação dos elétrons. O valor da diferença de potencial é chamado de tensão e sua unidade é o volt, homenagem ao pesquisador Alessandro Volta. O volt é definido pela equação a seguir:

$$1V = \frac{1\,J}{1\,C} = \frac{1\,N \times m}{1\,C}$$

A diferença de potencial de um ponto não pode ser medida isoladamente, mas sempre em relação a uma referência, que muitas vezes é o potencial zero, chamado massa ou terra.

>> Tensão e corrente contínuas

A **tensão contínua** é definida como a tensão que mantém o mesmo sinal (+ ou –) e o mesmo valor ao longo do tempo. Já a **corrente contínua** é aquela que circula sempre no mesmo sentido com uma intensidade constante ao longo do tempo (Figura 1.7).

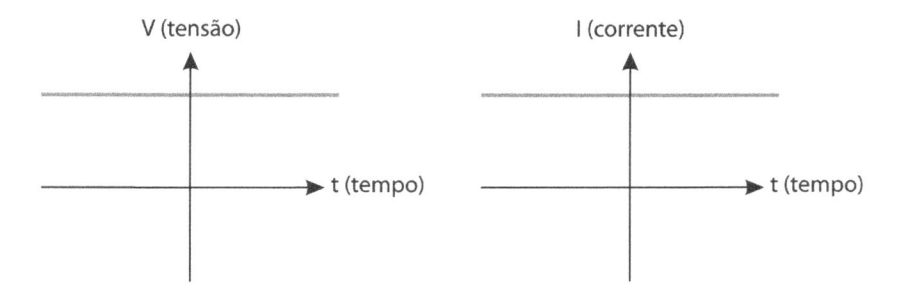

Figura 1.7 >> Representação de tensão e corrente contínuas.
Fonte: Autores.

Os geradores de tensão contínua e corrente contínua são normalmente as pilhas e as baterias, ou seja, geradores químicos. Outro exemplo desses geradores são as células fotovoltaicas, que fazem parte dos painéis solares.

Tensão e corrente alternadas

Uma **tensão alternada** é uma tensão variável, que se reveza entre valor positivo e valor negativo. Uma **corrente alternada (CA)** é uma corrente variável que circula alternativamente em um sentido depois em outro.

Embora correta, a definição de tensão alternada que utilizamos acima, e presente na maioria das referências, pode ser considerada incompleta. A definição mais completa diria que uma tensão alternada é uma tensão periódica variável cujo valor médio é nulo. Isso pode ser explicado pelas áreas hachuradas A e B na Figura 1.8: elas são iguais e demonstram uma tensão alternada.

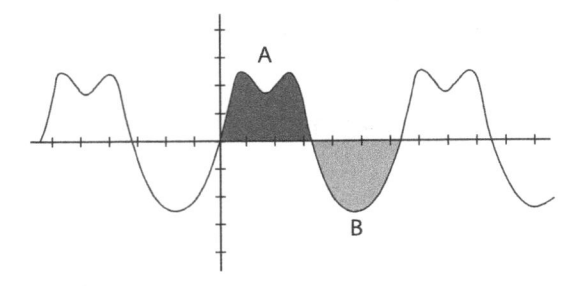

Figura 1.8 >> Representação de tensão alternada.
Fonte: Autores.

De qualquer forma, nosso maior interesse está em uma tensão alternada simétrica e senoidal, aquela que utilizamos no nosso dia a dia.

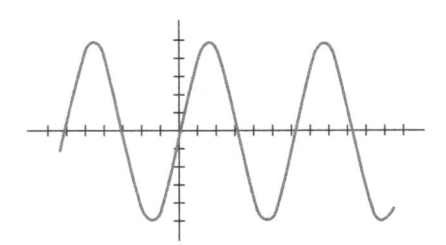

Figura 1.9 >> Representação de tensão alternada senoidal.
Fonte: Autores.

Com base no que estudamos até agora, podemos, então, definir **período** como o tempo necessário para a realização de um ciclo completo, ou seja, de zero a um valor máximo positivo e de volta ao zero, atingindo o mesmo valor máximo agora negativo e de volta ao zero como mostrado na Figura 1.10.

Figura 1.10 >> Gráfico representando o período.
Fonte: Autores.

Então, matematicamente, podemos escrever:

$$T = \frac{2\pi}{\omega} \text{ s}$$

onde:

- T = período em segundos
- $\pi = 3,14$
- ω = Velocidade angular em radianos por segundo.

Se juntarmos 60 ciclos completos, teremos a corrente que circula em nossas casas, a frequência de 60 Hz, que de outra forma pode ser dita como o número de ciclos que ocorre em 1 segundo, como mostra a equação:

$$f = \frac{1}{T} \text{ Hz}$$

>> Resistência elétrica

Como vimos anteriormente o que caracteriza a resistência é a resistividade, que é diferente para cada tipo material. A resistência é a aptidão de um material em se opor à passagem de corrente elétrica. Além da resistividade, que representaria a natureza do material, a resistência é influenciada por fatores como comprimento (quanto mais comprido o material utilizado, maior sua resistência) e espessura. Considere um condutor de forma esférica, por exemplo: quanto maior o diâmetro, menor a resistência elétrica. Por isso, nunca devemos relacionar o tamanho de um resistor com o valor de sua resistência.

> As resistências são utilizadas de duas maneiras diferentes:
> - para modificar a intensidade da corrente elétrica; ou
> - para produzir calor devido ao efeito joule.

As resistências usam como notação a letra *R* (sempre em maiúscula), e como unidade o ohm, representado pela letra grega Ω (ômega maiúsculo), uma homenagem ao físico e matemático alemão George Simon Ohm.

Se não levarmos em consideração o efeito da temperatura, a resistência pode ser determinada pela Lei de Ohm, que relaciona tensão e corrente, como segue:

$$R = \frac{V}{I}$$

em que:

- R = valor da resistência em Ω
- V = valor da tensão em volts
- I = valor da corrente em ampère

Circuitos

Circuitos série e paralelo

Ao montarmos um circuito elétrico, podemos associar as resistências ou resistores de duas formas, em série ou em paralelo.

No circuito série, os resistores são ligados de forma que a extremidade de um é ligada a extremidade de outro e assim por diante, conforme Figura 1.11.

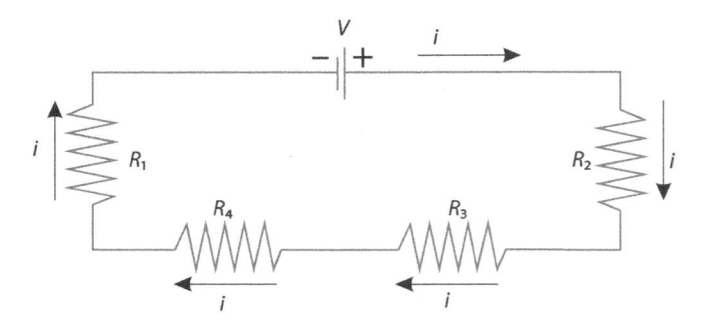

Figura 1.11 >> Circuito em série.

A resistência total da configuração é a soma das resistências que dela participam, ou seja, $R_T = R_1 + R_2 + R_3 + R_4$.

Quanto mais resistores colocarmos em série maior será a resistência total. É importante lembrar que a ordem dos resistores não altera o valor final total.

A combinação em paralelo pode ser identificada da seguinte forma: os resistores estão ligados em um ponto comum, conforme a Figura 1.12.

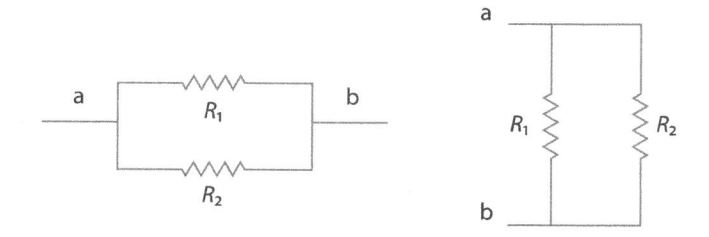

Figura 1.12 >> Resistores em paralelo.

A resistência total de uma combinação em paralelo é representada matematicamente por:

$$\frac{1}{R_T} = \frac{1}{R_1} + \frac{1}{R_2} + \frac{1}{R_3} \quad ou \quad R_T = \frac{1}{\frac{1}{R_1} + \frac{1}{R_2} + \frac{1}{R_3}}$$

Tendo somente duas resistências em paralelo, podemos simplificar a equação da resistência total da seguinte forma:

$$R_T = \frac{R_1 \times R_2}{R_1 + R_2}$$

>> Circuitos monofásicos, bifásicos e trifásicos

Ao estudarmos a história da eletricidade, vemos que, em seu início, discutia-se muito a utilização da corrente alternada (CA) ou corrente contínua (CC). Somente a partir de meados do século XIX as vantagens da corrente alternada foram constatadas, algumas delas citadas abaixo:

- A elevação ou o abaixamento da tensão é mais simples em CA, pois os transformadores elevadores ou abaixadores têm seu modelo construtivo mais simples e com bom rendimento.
- Os geradores de CA têm construção mais simples que os geradores de CC.
- A CA pode facilmente ser transformada em CC por meio de retificadores.

A partir disso, passou-se a produzir nas usinas a corrente alternada com o fim de alimentar as grandes cidades e diminuir perdas.

Em função das características construtivas dos transformadores, podemos utilizar a energia de três formas diferentes, estudadas a seguir.

Circuitos monofásicos: os circuitos monofásicos são geralmente utilizados em residências com baixo consumo, ou nas áreas rurais com transformadores especiais chamados monobuchas. Os circuitos monofásicos são compostos por dois fios, sendo um utilizado para fase e outro como neutro. Contudo, existe a possibilidade de usarmos duas fases. Assim, na primeira situação a tensão normal de uso é o 127 V, entre fase-neutro. Caso utilizemos duas fases a tensão seria de 220 V, entre fases. É importante lembrar que as tensões citadas são as geralmente utilizadas no Brasil, mas elas dependem do modelo construtivo do transformador a ser utilizado.

Circuitos bifásicos e trifásicos: A geração de energia elétrica nas usinas, sua transmissão e sua distribuição são feitas de forma trifásica alternada com sinal senoidal, simétrico e equilibrado. Essa energia é disponibilizada em **alta tensão** nos grandes centros.

> No Brasil, as tensões utilizadas são 127 V e 220 V.

Para podermos utilizar essa energia (corrente alternada) é necessário rebaixar os valores de tensão que as geraram para valores menos perigosos. Para isso existem os transformadores. Não descreveremos o seu funcionamento pois o assunto está além do escopo deste capítulo, mas é importante saber que, em razão de suas características construtivas, eles podem ter sistema trifásico a três fios ou a quatro fios; no primeiro caso teríamos a ligação interna do transformador em triângulo (Δ), ou como mostra a Figura 1.13, já no segundo caso teríamos uma ligação em estrela (Y), na qual incluímos o neutro no ponto comum das ligações, conforme Figura 1.14.

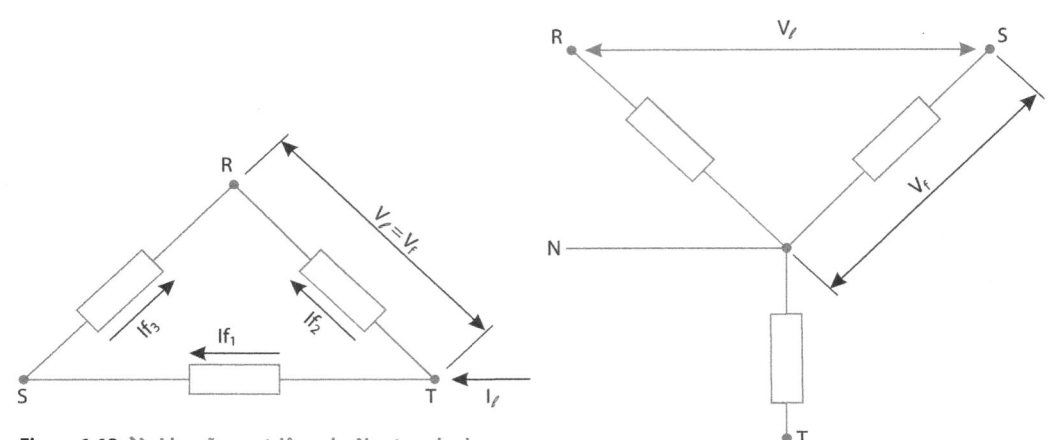

Figura 1.13 >> Ligação em triângulo. Nos terminais u, w e v, são retiradas as tensões desejadas.

Figura 1.14 >> Ligação em estrela.

Os valores de tensão utilizados dependerão de como o transformador será construído. Por exemplo, se ele for um transformador 380/220 V, significa que entre fases teremos 380 V e entre fase e neutro 220 V. O mesmo acontece no caso de um transformador 220/127 V.

Leis da eletricidade: leis de Ohm e de Kirchhoff

Você já sabe que a resistência (ou resistor) se opõe à passagem da corrente elétrica. A partir disso, em seus estudos, Georg Simon Ohm verificou que existia uma relação constante entre a tensão aplicada e a corrente desenvolvida em um circuito elétrico, pois quanto maior o valor da resistência colocada no circuito, maior deveria ser a tensão aplicada para se estabelecer uma mesma corrente elétrica. Dessa forma, Ohm obteve então a primeira Lei, conhecida como Lei de Ohm. A unidade utilizada para resistência é o ohm (Ω), em homenagem ao físico e matemático alemão. A tensão é medida em volts (V) e a corrente é medida em ampères (A).

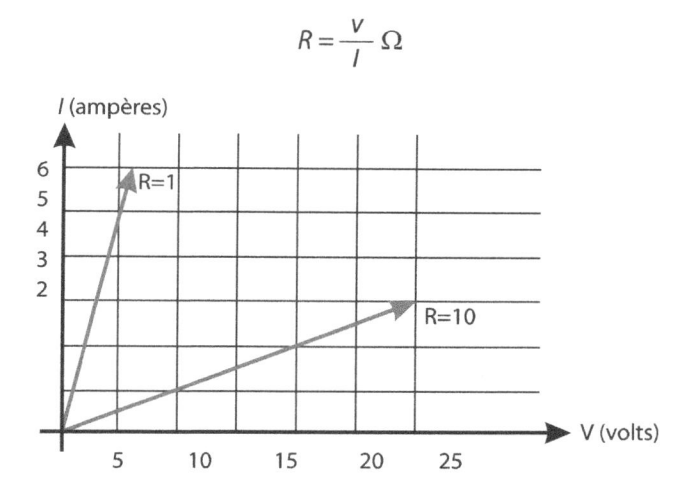

$$R = \frac{V}{I} \, \Omega$$

Figura 1.15 >> Representação gráfica da Lei de Ohm.

O gráfico da Figura 1.15 mostra a relação constante representada pela resistência, R. Com a Lei de Ohm, podemos determinar a tensão necessária para produzir uma determinada corrente através de uma resistência conhecida.

Como visto anteriormente, em um circuito série ligamos os resistores extremidade com extremidade, de forma que exista um único caminho para a corrente, e a resistência total é a soma das resistências que participam da série. Aplicando a Lei de Ohm, podemos agora concluir que, ligando esse conjunto de resistores a uma fonte de tensão, teremos uma circulação de corrente. Como só existe um caminho para essa corrente, a corrente total deve passar por cada um dos resistores. Assim, a corrente em um circuito série será a mesma para qualquer componente do circuito. Seguindo a mesma linha de raciocínio e aplicando a Lei de Ohm, a tensão em cada componente de um circuito série (Figura 1.16) será a soma das tensões individuais, ou matematicamente:

$$I_t = I_1 = I_2 = I_3 = I_4$$
$$R_t = R_1 + R_2 + R_3 + \cdots$$
$$V_t = V_1 + V_2 + V_3 + \cdots$$
$$R_t = R_1 + R_2 + R_3 = 10 + 30 + 100 = 140\,\Omega$$
$$I = \frac{V}{R} = \frac{280}{140} = 2\,A$$

As formulações que acabamos de apresentar remetem à **Segunda Lei de Kirchhoff** ou **Lei das Tensões de Kirchhoff** (estudaremos a primeira lei mais adiante), enunciada pelo físico alemão de mesmo nome, que diz: *"A soma das quedas de tensão em um circuito fechado é igual à tensão total aplicada ao circuito"*. Quanto à **soma algébrica**, ele diz: *"A soma algébrica de todas as tensões existentes em um caminho fechado em um circuito é igual a zero"*. Devemos somar separadamente as quedas (cargas) das elevações (fontes).

Podemos ver na Figura 1.16 que a soma das quedas de tensão em cada resistor é igual à tensão total aplicada ao circuito.

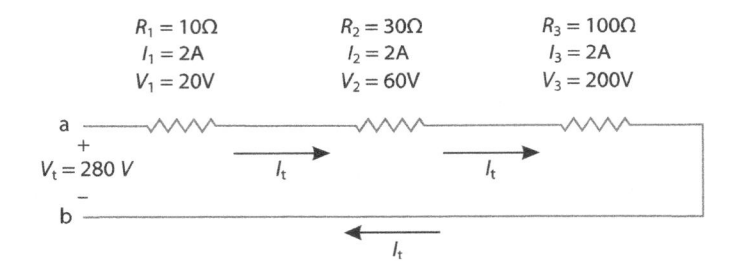

Figura 1.16 >> Circuito série.

Já em um circuito paralelo (Figura 1.17), as resistências estão ligadas todas entre dois pontos ou lado a lado, de forma que existirá mais de um caminho para a corrente. Para termos a corrente total deste circuito, portanto, devemos somar as correntes em cada um dos elementos que participam dele. A tensão aplicada, por sua vez, será igual para todos os elementos deste circuito, matematicamente:

$$V_t = V_1 = V_2 = V_3 = \cdots$$
$$\frac{1}{R_t} = \frac{1}{R_1} + \frac{1}{R_2} + \frac{1}{R_3}$$
$$I_t = I_1 + I_2 + I_3 + \cdots$$

$$\frac{1}{R_t} = \frac{1}{R_1} + \frac{1}{R_2} + \frac{1}{R_3} \qquad \frac{1}{R_t} = \frac{1}{2} + \frac{1}{3} + \frac{1}{6} \qquad R_t = 1\,\Omega$$

$$I_1 = 40/2 = 20\,A \qquad I_2 = 40/3 = 13{,}33\,A \qquad I_3 = 40/6 = 6{,}67\,A$$

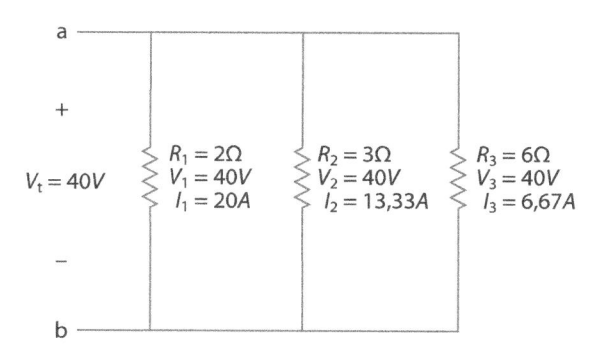

Figura 1.17 >> Circuito paralelo.

$V_t = 40V$

$R_1 = 2\Omega$
$V_1 = 40V$
$I_1 = 20A$

$R_2 = 3\Omega$
$V_2 = 40V$
$I_2 = 13,33A$

$R_3 = 6\Omega$
$V_3 = 40V$
$I_3 = 6,67A$

Nó é o ponto de conexão entre dois ou mais elementos do circuito.

Portanto, podemos agora enunciar a Primeira Lei de Kirchhoff ou Lei das Correntes de Kirchhoff. *A soma de todas as correntes que entram em um nó é sempre igual à soma de todas as correntes que dele saem.* Ou, podemos dizer que a *soma algébrica de todas as correntes em um nó é igual a zero*. Novamente, na soma algébrica deve se considerar se a corrente está entrando ou saindo do nó em questão. Lembrando que nó é o ponto de conexão entre dois ou mais elementos do circuito (Figura 1.18).

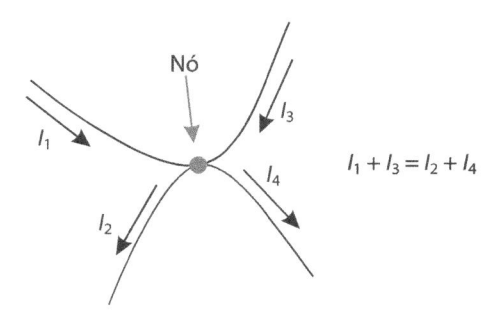

$I_1 + I_3 = I_2 + I_4$

Figura 1.18 >> Representação de nó.
Fonte: Autores.

>> PARA SABER MAIS

Potência elétrica

Você já sabe que quando existe uma diferença de potencial entre dois pontos de um circuito elétrico e esses dois pontos estão ligados entre si, aparecerá uma corrente elétrica. Isso ocorre porque uma força conduziu a um deslocamento de elétrons. Logo, uma força produziu movimento e consequentemente realizou trabalho. Podemos afirmar, então, que na física, toda vez que uma força produz movimento, ela realiza trabalho.

Se pensarmos na rapidez com que este trabalho é realizado, encontraremos a **potência** que, no caso da eletricidade, é definida pela letra P e expressa em *watt*, que pode ser definido como a razão com que se faz trabalho em um circuito elétrico quando uma corrente de 1 A flui por ele ao ser aplicada uma tensão de 1 V. A fórmula da potência é:

$$P = V \times I$$

Watts = volts × ampères

Em um circuito elétrico residencial, a potência tem papel preponderante, pois todo trabalho a ser realizado e toda a fiação a ser dimensionada deve considerar o cálculo da potência a ser instalada no local.

>> Atividades

1. Faça a relação entre as colunas pensando na correspondência utilização × tipo de material:

(A) conduzir as correntes elétricas   ( ) materiais semicondutores

(B) isolar as correntes elétricas   ( ) materiais magnéticos

(C) transformar energia elétrica em energia mecânica ( ) materiais isolantes

(D) controlar energia elétrica   ( ) materiais condutores

2. Qual é o sentido convencional da corrente elétrica?

3. De acordo com o que você viu neste capítulo, explique os três principais tipos de circuitos (monofásico, bifásico e trifásico).

4. Assinale a alternativa correta referente ao enunciado da Segunda Lei de Kirchhoff.

(A) A soma algébrica de todas as tensões existentes em um caminho fechado em um circuito é igual a zero.

(B) A multiplicação das tensões em um circuito é igual a 3,14.

(C) Nó é o ponto de conexão entre dois ou mais elementos do circuito.

(D) Na física, toda vez que uma força produz movimento ela realiza trabalho.

CAPÍTULO 2
Energia elétrica

Neste capítulo, você irá refletir um pouco sobre como é gerada a energia elétrica que utilizamos em nosso dia a dia, qual é a sua forma de transmissão e os meios que a fazem chegar até a nossa casa, empresa, escola, etc. Além disso, conheceremos também um pouco sobre as diversas fontes de energia e como funcionam.

OBJETIVOS DE APRENDIZAGEM

- » Identificar um sistema elétrico de potência e seu objetivo.
- » Conceituar os sistemas de geração, transmissão e distribuição, bem como identificar suas formas de funcionamento, limitações e objetivos.
- » Comparar as diferentes fontes alternativas de geração de energia, como a energia solar e a eólica, além de descrever suas principais características.

Sistema elétrico de potência

Muitas vezes não percebemos como as coisas que fazemos em nosso dia a dia realmente acontecem. Quando chegamos em casa, por exemplo, ligamos a televisão e, se estiver escuro, acendemos a luz. Para isso, basta ligar o interruptor ou conectar os equipamentos a uma tomada, pois sabemos que ali existe eletricidade. Mas como exatamente isso acontece? Como é gerada a energia elétrica? E, uma vez que a energia é gerada, como ela chega a nossas casas, escritórios, indústrias?

A Figura 2.1 nos mostra, de forma esquemática, o que chamamos de sistema elétrico de potência, que engloba a geração, a transmissão e a distribuição de energia elétrica.

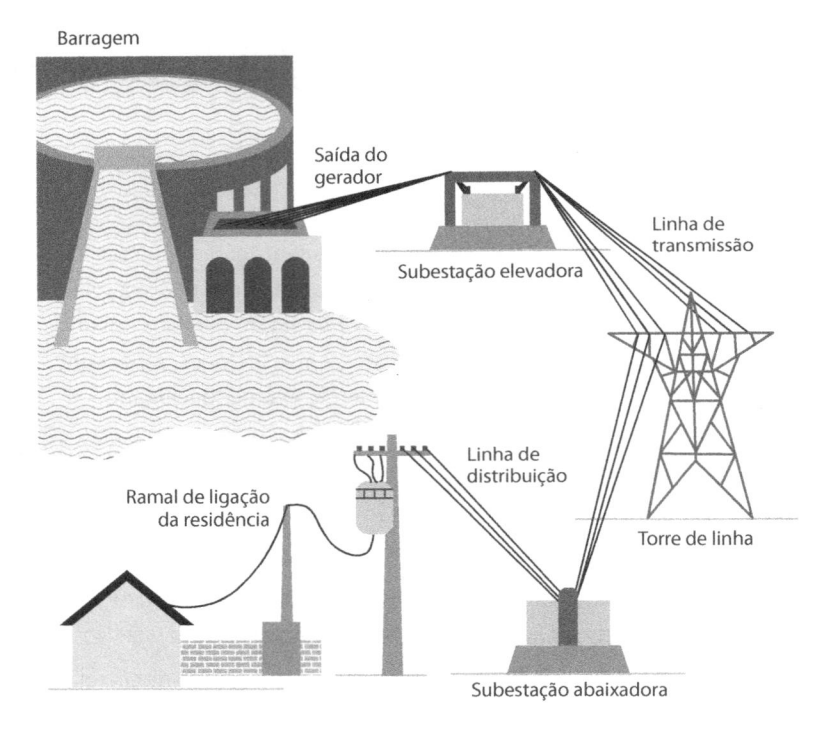

Figura 2.1 >> Esquema de um sistema elétrico de potência.
Fonte: Autores.

O principal objetivo do sistema elétrico de potência é transferir toda a energia elétrica convertida pela transformação de qualquer fonte de energia primária (p. ex. água, carvão, vento) aos consumidores. Consequentemente, o ciclo iniciado pela escolha da forma de energia elétrica tem como objetivo final o consumidor, conforme a Figura 2.2.

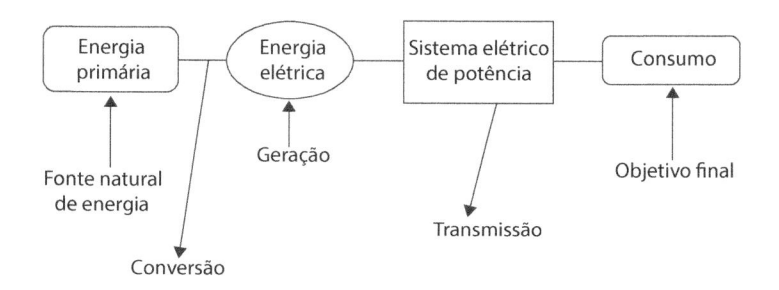

Figura 2.2 >> Sistema de potência.
Fonte: Autores.

A divisão funcional mais encontrada em um sistema de potência de porte é demonstrada na Figura 2.3.

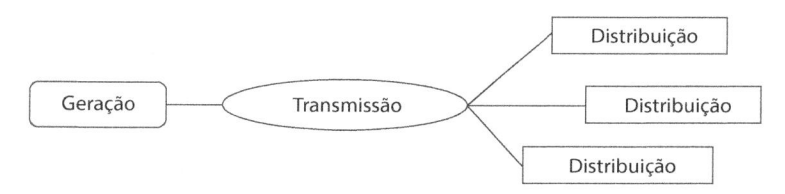

Figura 2.3 >> Divisão funcional básica de um sistema de potência.
Fonte: Autores.

>> Sistema de geração

O sistema de geração é constituído pelo conjunto de unidades geradoras e seus equipamentos correlatos.

> Em 2014, a capacidade total instalada de geração de energia elétrica do Brasil (centrais de serviço público e autoprodutoras) alcançou 133.914 MW. Na expansão da capacidade instalada, as centrais hidráulicas contribuíram com 44,3%, enquanto as centrais térmicas responderam por 18,1% da capacidade adicionada. Por fim, as usinas eólicas e solares foram responsáveis pelos 37,6% restantes de aumento do grid nacional.
> *Fonte:* https://ben.epe.gov.br/downloads/Relatorio_Final_BEN_2015.pdf.

Os geradores de energia elétrica estão limitados por diversos fatores, como:

Isolamento: até hoje se conseguiu fabricar geradores isolados de até no máximo 30 kV, o que, consequentemente, impõe limitações tecnológicas, em termos de capacidade de corrente e potência.

Potência/velocidade: dependendo da velocidade da turbina propulsora, limita-se as aplicações de geradores de grande potência em função do tipo de energia primária (hidroelétrica, termoelétricas).

Assim, no momento de escolha da fonte de energia primária, é indispensável saber não só se a geração da energia elétrica atenderá ao consumo, mas também como poderemos gerar a quantidade necessária de energia elétrica e fazê-la chegar ao consumidor. Caso o consumidor esteja distante do local de geração, saberemos que não haverá alternativa além de providenciar a transmissão da energia de forma econômica e racional. Essa economia e racionalização sempre indicam a necessidade de se aumentar a tensão para transmissão, pois o gerador está limitado em seu isolamento.

A escolha da forma de energia primária classifica os diversos tipos de usinas geradoras de energia elétrica (veja o Quadro 2.1). Como não dispomos de meios suficientes desenvolvidos para armazenar grandes quantidades de energia elétrica para consumo posterior, somos obrigados a consumir toda a energia elétrica, convertida ou gerada, sob pena de desperdiçar parte do que não foi consumido. Além disso, temos que estudar todas as possibilidades de armazenar a energia primária, para que esteja disponível no momento de realizar sua conversão em energia elétrica.

Quadro 2.1 >> **Tipos mais comuns de usinas geradoras de energia elétrica**

Hidrelétricas	A energia hidrelétrica é gerada em uma usina hidrelétrica e tem como fonte de produção a força da água em movimento. Devido ao enorme potencial hidrelétrico do Brasil, a maioria da energia gerada e consumida no país é hidrelétrica.
Termelétricas	A energia termelétrica resulta da combustão de materiais de fontes não renováveis como carvão, petróleo e gás natural, e também de outros, de fontes renováveis, como a lenha, o bagaço de cana, etc. Pode ser utilizada tanto como energia mecânica como por eletricidade.
Nucleares	A energia nuclear é produzida a partir de uma reação chamada de fissão, um termo da física nuclear que significa a divisão de um núcleo de átomo pesado em dois ou vários fragmentos. A fissão do núcleo de um átomo bombardeia uns contra os outros, levando ao rompimento dos núcleos e gerando grandes quantidades de energia. As usinas nucleares podem provocar acidentes graves no ecossistema, como ocorreu na usina de Chernobyl, na Ucrânia, em 1986.
Geotérmicas	A energia geotérmica, ou geotermal, é a energia obtida a partir do calor proveniente do interior da Terra.

> Uma fonte de energia primária é toda a forma de energia disponível na natureza antes de ser convertida ou transformada. Madeira, carvão, petróleo, gás natural, urânio, vento, recursos hídricos e energia solar são exemplos. Já a energia secundária é a energia nas formas para as quais a energia primária pode ser convertida, como eletricidade, gasolina, vapor, etc.

A extensão do sistema elétrico de potência depende da localização da fonte de energia primária. Muitas vezes, é possível transportar energia primária até o local escolhido para a conversão, por exemplo, quando essa energia é combustível, como carvão, óleo, gás e outros. Nesse caso, a determinação da extensão do sistema elétrico de potência deverá considerar os custos do transporte da energia primária em comparação com os custos decorrentes, como o transporte através de um sistema elétrico de potência e a energia elétrica gerada no local onde se encontra originalmente a fonte de energia elétrica.

>> Fontes alternativas de energia[1]

A necessidade de se manter um parque gerador compatível com o desenvolvimento do país motiva a busca continua pelo aumento da produção de energia, mas, ao mesmo tempo, exige que cada vez mais pensemos na preservação do meio ambiente por meio da utilização consciente dos recursos naturais. Assim, além de desenvolver tecnologias para melhor utilização das fontes convencionais, novas tecnologias vêm sendo criadas para utilização de fontes alternativas de energia para geração de energia elétrica.

A **biomassa** é constituída de materiais de origem orgânica vegetal e animal (como o bagaço da cana-de-açúcar, resíduos agrícolas e excrementos de animais). É um tipo de energia produzido por meio de um processo bioquímico: a decomposição pelas bactérias dos excrementos animais produz gás metano, que, então, produz energia elétrica. Essa decomposição libera CO_2, que irá ser absorvido pelas plantas na realização da fotossíntese. O gás produzido nesse processo é chamado de biogás, e o biodigestor é o equipamento no qual ocorre a produção pela decomposição dos materiais orgânicos (Figura 2.4).

A **energia eólica**, por sua vez, é produzida usando a força dos ventos para movimentar as grandes hélices dos aerogeradores, que estão acopladas por um eixo a uma turbina (Fig. 2.5). A quantidade de energia gerada depende do tamanho das hélices e dos ventos da região onde está instalada a usina. Embora o custo de implantação de uma usina eólica seja muito superior ao de uma usina hidrelétrica (60% a 70%), a energia eólica é limpa e renovável, e por isso muito atraente.

Existe também a possibilidade de utilizar a energia do Sol para a geração de energia, podendo ela ser de dois tipos: a térmica e a fotovoltaica. A **energia térmica** é gerada a partir de

---

[1] As informações desta Seção foram adaptadas de: http://www.eletrobras.com/elb/natrilhadaenergia/meio-ambiente-e-energia/main.asp?View=%7B45B85458-35B3-40FE-BDDD-A6516025D40B%7D.

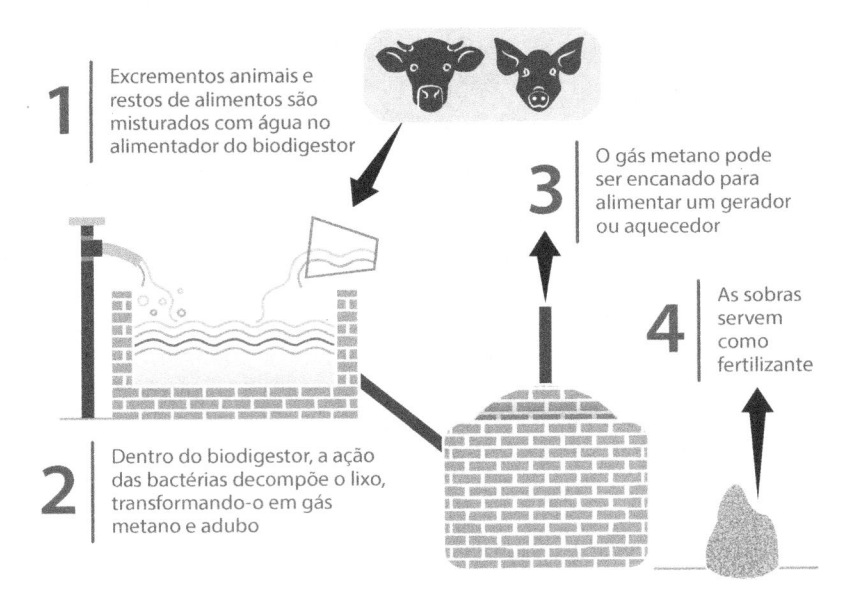

Figura 2.4 >> Biodigestor.
Fonte: Autores.

coletores solares que captam a energia solar e a transferem à água. Já a **energia fotovoltaica** pode ser coletada por lâminas ou por painéis fotovoltaicos (Figura 2.5); ambos capturam a radiação liberada pelo Sol e produzem energia elétrica. A energia solar é renovável, além de não ser poluente; os painéis exigem pouca manutenção e o custo deles vem caindo, o que torna sua instalação cada vez mais viável e desonera investimentos em linhas de transmissão. No entanto, a quantidade de energia produzida varia muito de acordo com as condições climáticas, sem contar o período da noite, quando a produção é totalmente zerada.

Uma usina hidrelétrica é considerada uma **Pequena Central Hidrelétrica (PCH)** quando sua capacidade instalada é superior a 1 MW e igual ou inferior a 30 MW e a área do seu reservatório tem até 3 km². Itaipu, por exemplo, tem uma potência instalada de 14 mil MW e seu lago ocupa 1.350 km². Para podermos considerar uma usina como uma PCH, além das considerações já feitas, outros fatores devem ser considerados, como a localização e o seu impacto ambiental. O custo da energia gerada é maior que o de uma usina convencional, pois seu reservatório tem um volume pequeno e não permite controle de armazenamento de água, assim, caso haja uma época de seca, a usina irá parar. A grande vantagem desse tipo de instalação está na utilização em regiões isoladas com rios de tamanho médio a pequenos. Veja a Figura 2.5.

Existem, ainda, três maneiras de se aproveitar a **energia dos oceanos**. A primeira usa a **energia das correntes marítimas**, que é captada por meio de hélices fixadas no fundo do mar que são giradas pela força do deslocamento das águas. Um cabo de corrente contínua transporta a energia gerada até a superfície e a distribui para os sistemas existentes. Importantes vantagens são a forte potência obtida devido à densidade da água, a previsibilidade dos

Fonte: DigitalVision/Thinkstock.

Fonte: chinasong/iStock/Thinkstock.

Fonte: Volkswagen (c2016).

Fonte: Marine Current Turbines (2016).

Figura 2.5 >> Em sentido horário: aerogerador, painel fotovoltaico, uma usina de correntes marítimas e a pequena central elétrica de Anhanguera.

movimentos oceânicos, a produção regular de energia, o recurso inesgotável e não poluente. Porém, o custo de instalação e a manutenção são muito elevados, existe a corrosão dos materiais pela água do mar, e a presença das hélices causa ondas sonoras de baixa frequência que afastam a fauna marítima do local (Figura 2.5).

A segunda é a **maremotriz**, também chamada de **energia das marés**. Uma barragem em um estuário deixa passar a água do mar tanto na subida como na descida da maré, e essa água faz girar uma turbina que produz energia elétrica com ajuda de um gerador. Contudo, a construção de uma barragem em uma praia tem investimentos elevados e há poucos locais de aproveitamento, pois são necessárias fortes marés, além dos problemas de continuidade de produção em função da falta de correntes oceânicas em determinados momentos.

Com a ação dos ventos, o mar cria **ondas** com grande potencial energético, e este é mais um modo de geração de energia por meio do movimento do oceano. Diversas técnicas de exploração vêm sendo desenvolvidas, e é importante se conhecer o potencial que as ondas podem nos oferecer. É possível se obter essa energia em uma área muito grande, com um mínimo de perdas, uma vez que as ondas podem produzir cerca de 20 kW por metro de frente de onda, 100 vezes mais que 1m^2 de área de um painel solar.

> O ser humano desde muito tempo tem aproveitado a força dos ventos em seu benefício. Na antiguidade, utilizava a força dos ventos para a navegação, e os holandeses, por exemplo, usavam os ventos em seus moinhos para a fabricação de farinha e para bombear água e esvaziar seus canais.

>> Sistema de transmissão

O sistema de transmissão é constituído pelas linhas de transmissão e subestações. Em geral, encontramos uma subdivisão desse tipo de sistema: transmissão e subtransmissão.

> A transmissão é parte do sistema que tem a função de interligar dois sistemas ou unir um grande aproveitamento a um centro de carga; ou seja, a transmissão constitui as linhas e as subestações da malha principal, geralmente com tensão de serviço de 230 kV e superiores. Já a subtransmissão se trata do conjunto de linhas e subestações que unem as cargas à malha principal, quase sempre com tensão de serviço entre 138 kV e 69 kV.

A tensão dessas linhas depende da quantidade de energia a ser transportada e da distância a ser percorrida. Quanto maior a distância entre a geração e o consumo, maior será a tensão para transmissão. Além disso, é preciso considerar, igualmente, se a transmissão será feita em corrente alternada ou contínua. A Figura 2.6 indica um gráfico da transmissão em função desses parâmetros.

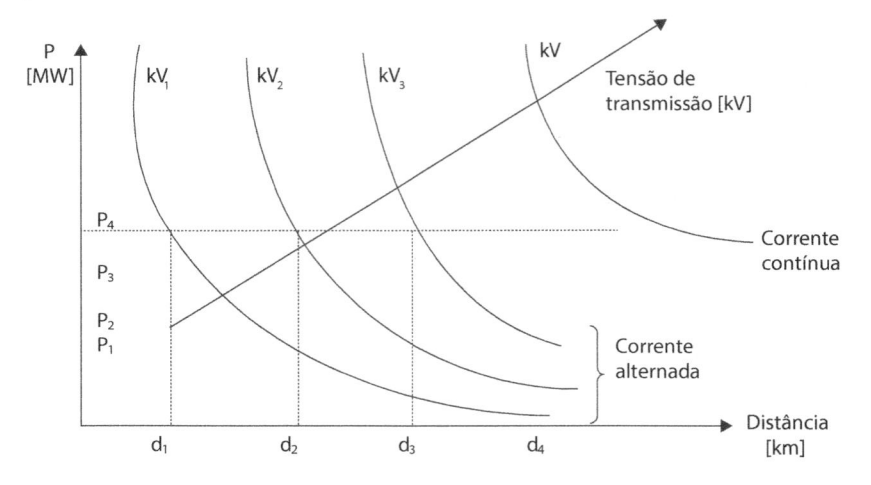

Figura 2.6 >> Tensão elevada depende da quantidade de energia a ser transportada e da distância entre geração e consumo.
Fonte: Autores.

>> Sistema de distribuição

O sistema de distribuição é formado pelo conjunto de linhas, alimentadores, ramais de serviços e estações abaixadoras, que se destinam a atender o consumidor final, operando com tensão de serviço situada na faixa de 110/220 V a 35 kV.

Como estamos analisando os conceitos gerais, sem nos preocuparmos com detalhes matemáticos, podemos conceber algumas definições:

- a geração é sempre feita em tensões iguais ou inferiores a 30 kV;
- a transmissão é sempre efetuada sob uma tensão maior que a geração: alta, extra-alta e ultra-alta tensão, em corrente alternada ou contínua;
- o nível de tensão sempre depende da quantidade de energia e extensão do sistema.

Os níveis de tensão são classificados de acordo com o demonstrado no Quadro 2.2.

Quadro 2.2 >> **Classificação dos níveis de tensão**

Baixa tensão	até 1 kV
Média tensão	de 1 a 66 kV
Alta tensão	de 69 a 230 kV
Extra-alta tensão	de 230 a 800 kV
Ultra-alta tensão	maiores de 800 kV

Para uma visão geral do sistema de distribuição, analise a Figura 2.7, que apresenta o diagrama unifilar.

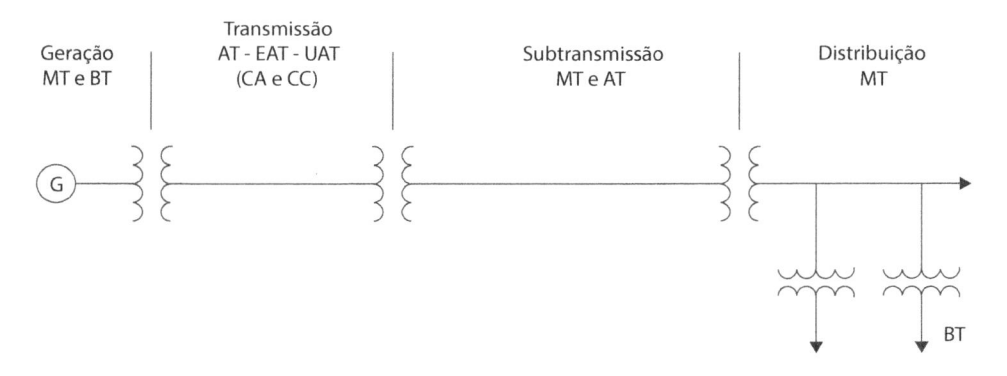

Figura 2.7 >> Diagrama unifilar.
Fonte: Autores.

> O diagrama unifilar (somente um fio) é o diagrama que representa de forma simplificada todos os componentes de um sistema elétrico de potência, informando os dados mais importantes desse sistema.

Havendo transporte de energia, seja primária ou secundária, estabelece-se um fluxo de carga entre a fonte de energia e os consumidores. Esse fluxo é variável, pois, como o consumo varia a cada momento em razão das necessidades dos consumidores, a geração terá também que ser variável, visto que a cada instante a geração de todas as fontes do sistema elétrico terá que se adequar à carga solicitada pelos consumidores. Portanto, em quaisquer análises do sistema elétrico, é necessário que se conheça primeiramente o fluxo de carga entre geração e consumo.

Em uma equação simplificada do tema, podemos escrever:

Energia elétrica gerada = Energia elétrica consumida + Energia elétrica perdida

Ou seja, a equação acima representa a equação fundamental de geração e consumo de energia elétrica, ponto de partida para o estudo dos sistemas elétricos de potência.

>> CURIOSIDADE

Você sabia que o Brasil perde em torno de 17% de toda a energia que é gerada nas usinas até a distribuição para o consumidor final? Para evitar isso, serial ideal a implantação de Smart Grids.

A lógica da Smart Grid está em uma palavra: inteligência. Isso que dizer que as novas redes serão automatizadas com medidores de qualidade e de consumo de energia em tempo real, ou seja, a sua casa vai conversar com a empresa geradora de energia e, em um futuro próximo, até fornecer eletricidade para ela. A inteligência também será aplicada no combate à ineficiência energética, isto é, a perda de energia ao longo da transmissão. Além disso, o furto de energia (famoso "gato") deve ser diminuído, e deve haver mais precisão nas medições de consumo e funções adicionais como identificação de falhas à distância.

Como você sabe, o modelo de distribuição é defasado, se a luz cair na sua casa é preciso ligar para a empresa de energia e pedir que eles venham até você para reparar a falha. Como a Smart Grid é uma rede inteligente, assim que a pane ocorrer, a empresa geradora sabe onde aconteceu a queda de energia e em poucos minutos pode mobilizar funcionários para realizarem o conserto. A comunicação de mão dupla entre sua casa e a operadora, sensores ao longo de toda a rede, controle e automatização do consumo residencial são algumas das mudanças que ocorrerão.

O primeiro passo para se chegar a toda essa maravilha do consumo energético precisa ser dado na sua casa. Isso mesmo, para que toda essa comunicação inteligente aconteça, seu medidor de energia precisa ser substituído. Há anos um medidor analógico é usado nas casas; um modelo digital precisa ser introduzido para que haja maior controle por parte da geradora de energia e do consumidor. Esses novos medidores terão chips e se conectarão à internet para transmitir dados.

O problema é que isso vai demorar um pouco para acontecer, pois de acordo com a ANEEL (Agência Nacional de Energia Elétrica) há, aproximadamente, 65 milhões de medidores analógicos no país. A regulação dos modelos digitais ainda nem saiu do papel, mas a previsão é que em no máximo dez anos todos os medidores sejam substituídos. Além da mudança de leitores, toda a infraestrutura de captação de dados provenientes desses aparelhos precisa ser criada ou aprimorada, pois sem isso não há como medir o consumo ou detectar problemas.

Fonte: Camargo (2009).

>> Atividades

1. De acordo com o que você acabou de estudar a respeito da energia elétrica, descreva brevemente qual é o caminho realizado da fonte primária de energia até a sua casa.

2. Entre as alternativas a seguir, qual apresenta a ordem exata do processo de geração de energia elétrica?

(A) Fonte natural de energia, geração, transmissão e distribuição.

(B) Geração, transmissão, fonte natural de energia e distribuição.

(C) Fonte natural de energia, transmissão, distribuição e geração.

(D) Fonte natural de energia, distribuição, geração e transmissão.

3. Neste capítulo, você conheceu alguns exemplos de fontes alternativas de energia elétrica. Escolha um dos exemplos apresentados, explique o funcionamento dele e pesquise se, na sua cidade, é possível a instalação desse meio de geração de energia alternativa.

CAPÍTULO 3

Normas e simbologia

Para construir, criar, elaborar e executar diferentes tipos de projetos é preciso conhecer e aplicar uma série de requisitos básicos. Entre esses requisitos estão as normas regulamentadoras e a simbologia normatizada. A adequada utilização desses recursos é extremamente importante para a segurança do trabalho, para a economia e para facilitar o entendimento pelos profissionais das mais diversas áreas.

OBJETIVOS DE APRENDIZAGEM

» Identificar o que são normas técnicas e apresentar sua função na criação de projetos elétricos, bem como ter ciência dos diferentes órgãos regulamentadores dessas normas.
» Conhecer as principais normas técnicas utilizadas em eletricidade no Brasil.
» Compreender a importância do uso da simbologia e ter contato com a simbologia normatizada para as diferentes partes de projetos elétricos.

Norma técnica é um documento geralmente elaborado por um órgão oficial responsável por regras, diretrizes ou características acerca de um **material**, **produto**, **processo** ou **serviço**.

Todo trabalho executado em instalações elétricas deve seguir as normas técnicas desenvolvidas para o procedimento específico.

As normas técnicas visam diminuir o desperdício de materiais, proporcionando segurança, qualidade, redução de erros e mais confiabilidade, tanto ao fornecedor como ao consumidor de produtos e serviços. As normas podem e devem ser utilizadas nos mais diversos setores, da fabricação a ensaios, testes e utilização de produtos e serviços em geral. Em eletricidade, sua utilização reduz os riscos à vida e os acidentes no manuseio de produtos e serviços energizados.

No caso dos **símbolos gráficos** o setor utiliza hoje a norma IEC 60417 da International Eletrotechnical Comission para ilustrar os projetos de instalações elétricas prediais. Essa é uma forma de facilitar o entendimento entre os inúmeros profissionais, de diferentes níveis e diferentes áreas, que utilizarão esses projetos para fazer as especificações necessárias ao desempenho das suas tarefas. Há necessidade, portanto, de uma linguagem comum, que vem a ser a **simbologia normalizada**.

> Todo trabalho a ser executado em instalações elétricas deve utilizar como base as normas técnicas que foram desenvolvidas para o procedimento específico.

>> Normas técnicas

No Brasil, a Associação Brasileira de Normas Técnicas (ABNT) é a entidade responsável pela elaboração, revisão e distribuição das normas técnicas. Os conselhos federais e regionais de engenharia e arquitetura do Brasil são difusores das normas da ABNT, incentivando o seu uso consciente e ofertando-as a seus associados por um preço mais vantajoso.

Além de evitar desperdícios e gastos desnecessários, as normas reduzem a possibilidade de erros durante a produção e a execução de serviços.

A ABNT é uma empresa de capital privado, sem fins lucrativos e de utilidade pública, fundada em 1940. Ela é membro fundador e representante no Brasil da International Organization for Standardization (ISO), da Comissão Panamericana de Normas Técnicas (COPANT) e da Associação Mercosul de Normalização (AMN). Ela também representa a Comissão Eletrotécnica Internacional (IEC – International Electrotechnical Comission) no país.

A ISO é responsável por estimular a normatização de produtos e serviços, visando à melhoria deles. Trata-se de um órgão não governamental, criado em 1947.

Além das associações já mencionadas, outra que merece destaque em eletricidade é a National Electrical Manufactures Association (NEMA), que é uma associação baseada nas normas dos Estados Unidos, criada em 1926, com a fusão da Associated Manufacturers of Electrical Supplies e do Electric Power Club. Essa organização define padrões usados em produtos elétricos.

Os órgãos regulamentadores possuem uma hierarquia, mostrada a seguir:

1 Norma Internacional

1.1 Norma Nacional

1.1.1 Norma Regional

1.1.1.1 Norma Organizacional

Assim, para se estabelecer uma norma, é necessário manter a hierarquia entre os órgãos regulamentadores. Para uma melhor regulamentação, as normas foram classificadas por tipos:

- **Normas de Base**: de abrangência geral.
- **Normas de Terminologia**: referentes a termos, geralmente acompanhadas de definições.
- **Normas de Ensaio**: referentes a métodos de ensaio, por vezes acompanhadas de disposições complementares a ela referentes, como amostragem e métodos estatísticos.
- **Normas de Produto**: referentes a requisitos de um produto.
- **Normas de Processo**: referentes a requisitos de um processo produtivo.
- **Normas de Serviço**: referentes a requisitos da prestação de um serviço.

Cada norma tem uma denominação, que varia de acordo com o órgão que a confeccionou. Em geral trata-se da sua sigla (NBR, IEC), seguida de um número de identificação e do ano em que ocorreu sua criação ou a última atualização.

É imprescindível que seja utilizada sempre a última versão para consultas, indicações e aplicações em projetos.

>> Normas essenciais para instalações elétricas

Você conhecerá, agora, as normas mais importantes e utilizadas com maior frequência em instalações elétricas, entendendo as particularidades de cada uma delas. Elas estão acompanhadas da identificação da norma e seus objetivos, a fim de que o leitor possa encontrar exatamente o que necessita.

- **ABNT NBR ISO/CIE 8.995-1:2013 – Iluminação de ambientes de trabalho. Parte 1: interiores:** especifica os requisitos de iluminação para locais de trabalho internos e os requisitos para que as pessoas desempenhem tarefas visuais de maneira eficiente, com conforto e segurança durante todo o período de trabalho.

- **NBR 5.410:2004 – Instalações elétricas de baixa tensão:** estabelece as condições a que devem satisfazer as instalações elétricas de baixa tensão, a fim de garantir a segurança de pessoas e animais, o funcionamento adequado da instalação e a conservação dos bens. Essa norma aplica-se principalmente às instalações elétricas de edificações, qualquer que seja seu uso (residencial, comercial, público, industrial, de serviços, agropecuário, hortigranjeiro, etc.), incluindo as pré-fabricadas.

- **NBR 5.413:1992 – Iluminância de interiores – procedimento:** estabelece os valores de iluminâncias médias mínimas em serviço para iluminação artificial em interiores, nos quais se realizem atividades de comércio, indústria, ensino, esporte e outras.

- **NBR 5.419:2005 – Proteção de estruturas contra descargas elétricas:** As normas ABNT NBR 5419-1; ABNT NBR 5419-2; ABNT NBR 5419-3 e ABNT NBR 5419-4 cancelam e substituem a ABNT NBR 5419:2005. A norma **ABNT NBR 5419:2015**, sob o título geral de **Proteção contra descargas atmosféricas**, tem previsão de conter as seguintes partes:
    » Parte 1: Princípios Gerais
    » Parte 2: Gerenciamento de riscos
    » Parte 3: Danos físicos a estruturas e perigos à vida
    » Parte 4: Sistemas elétricos e eletrônicos internos na estrutura

- **ABNT NBR 5419-1**: estabelece os requisitos para a determinação de proteção contra descargas atmosféricas e fornece subsídios para uso em projetos de proteção contra descargas atmosféricas. Não se aplica a sistemas ferroviários; veículos, aviões, navios e plataformas offshore, tubulações subterrâneas de alta pressão, tubulações e linhas de energia e de sinal colocados fora da estrutura.

- **ABNT NBR 5419-2**: estabelece os requisitos para análise de risco em uma estrutura devido às descargas atmosféricas para a terra. Tem o propósito de fornecer um procedimento para a avaliação de tais riscos. Uma vez que o limite superior tolerável para o risco foi escolhido, este procedimento permite a escolha das medidas de proteção apropriadas a serem adotadas para reduzir o risco ao limite ou abaixo do limite tolerável. Não se aplica a sistemas ferroviários; veículos, aviões, navios e plataformas offshore, tubulações subterrâneas de alta pressão, tubulações e linhas de energia e de sinal colocados fora da estrutura.

- **ABNT NBR 5419-3**: estabelece os requisitos para proteção de uma estrutura contra danos físicos por meio de um SPDA – Sistema de Proteção contra Descargas Atmosféricas – e para proteção de seres vivos contra lesões causadas pelas tensões de toque e passo nas vizinhanças de um SPDA.

- **ABNT NBR 5419-4**: fornece informações para projeto, instalação, inspeção, manutenção e ensaio de sistemas de proteção elétricos e eletrônicos (Medidas de Proteção contra Surtos – MPS) para reduzir o risco de danos permanentes internos à estrutura devido aos impulsos eletromagnéticos de descargas atmosféricas (LEMP).

- **NBR 15.688:2012 – Redes de distribuição aérea elétrica com condutores nus:** padroniza as estruturas para redes de distribuição aérea com condutores nus de sistemas monofásicos e trifásicos de baixa e média tensão até 36,2 kV.

- **NBR 7.117:2012 – Medição da resistividade e da determinação da estratificação do solo:** estabelece os requisitos para medição da resistividade e determinação da estratificação do solo. Essa norma fornece subsídios para aplicação em projetos de aterramentos elétricos, sua aplicabilidade pode ter restrições em instalações de grandes dimensões, nas quais são necessários recursos de geofísica não abordados. Não se aplica às estratificações oblíquas e verticais.

- **NBR 7.288:1994 – Cabos de potência com isolação sólida extrudada de policloreto de polivinila (PVC) ou polietileno (PE) para tensões de 1 kV a 6 kV:** fixa as condições exigíveis para a qualificação e para a aceitação e/ou recebimento de cabos de potência unipolares, multipolares ou multiplexados, para instalações fixas, isoladas com policloreto de polivinila (PVC) ou polietileno (PE), com cobertura.

- **NBR 9.311:1986 – Cabos elétricos isolados – designação – classificação:** classifica os cabos elétricos isolados por meio de uma sigla de designação, formada por símbolos que representam as partes componentes do cabo.

- **NBR 10.898:2013 – Sistema de iluminação de emergência:** especifica as características mínimas para as funções a que se destina o sistema de iluminação de emergência a ser instalado em edificações ou em outras áreas fechadas, na falta de iluminação natural ou falha da iluminação normal instalada.

- **NBR 11.301:1990 – Cálculo da capacidade de condução de corrente de cabos isolados em regime permanente (fator de carga 100%):** fixa condições exigíveis para o cálculo da capacidade de condução de corrente de cabos isolados em regime permanente, em todas as tensões alternadas, e em tensões contínuas até 5kV, diretamente enterrados, em dutos, em canaletas ou em tubos de aço, bem como instalados ao ar.

- **NBR 13.534:2008 – Instalações elétricas de baixa tensão – requisitos específicos para instalação em estabelecimentos assistenciais de saúde:** aplica-se o disposto na ABNT NBR 5.410, com algumas exceções. Os requisitos específicos dessa norma aplicam-se a instalações elétricas em estabelecimentos assistenciais de saúde, visando garantir a segurança dos pacientes e dos profissionais de saúde. Atenção: quando a utilização de um local médico for alterada, em particular com a introdução de procedimentos mais complexos, deve-se adequar a instalação elétrica existente à alteração promovida, de acordo com os requisitos desta norma. Essa questão é ainda mais crítica se envolver procedimentos intracardíacos e de sustentação de vida de pacientes. Quando aplicável, esta norma pode ser utilizada em clínicas veterinárias. Esta norma não se aplica a equipamentos eletromédicos. Para equipamentos eletromédicos, ver série de normas ABNT NBR IEC 60.601.

- **NBR 13.570:1996 – Instalações elétricas em locais de afluência de público – requisitos específicos:** fixa os requisitos específicos exigíveis para as instalações elétricas em locais de afluência de público, a fim de garantir o seu funcionamento adequado, a segurança de pessoas e de animais domésticos e a conservação dos bens.

- **NBR 14.039:2005 – Instalações elétricas de média tensão de 1,0 kV a 36,2 kV:** estabelece um sistema para o projeto e execução de instalações elétricas de média tensão, com tensão nominal de 1,0 kV a 36,2 kV, à frequência industrial, de modo a garantir segurança e continuidade de serviço.

- **NBR 14.639:2014 – Armazenamento de líquidos inflamáveis e combustíveis – posto revendedor veicular (serviços) e ponto de abastecimento – instalações elétricas:** estabelece os princípios gerais e requisitos adicionais necessários para instalações de materiais e equipamentos elétricos, incluindo os de automação e de telecomunicação, utilizados em posto revendedor veicular e ponto de abastecimento interno de combustíveis líquidos.

- **NBR NM 247-3:2002 – Cabos isolados com policloreto de vinila (PVC) para tensões nominais até 450/750 V, inclusive – Parte 3: Condutores isolados (sem cobertura) para instalações fixas:** detalha as especificações particulares para condutores isolados com policloreto de vinila (PVC), sem cobertura, para instalações fixas e para tensões nominais até 450/750 V, inclusive.

- **NBR NM 280:2011 – Condutores de cabos isolados:** especifica as seções nominais padronizadas de 0,5 mm² a 2.000 mm², bem como o número e diâmetros dos fios e valores de resistência elétrica para condutores de cabos elétricos e cordões flexíveis, isolados.

- **NBR IEC 60.439-1: 2003 – Conjuntos de manobra e controle de baixa tensão Parte 1: Conjuntos com ensaio de tipo totalmente testados (TTA) e conjuntos com ensaio de tipo parcialmente testados (PTTA):** aplica-se aos CONJUNTOS de manobra e controle de baixa tensão (CONJUNTOS com ensaio de tipo totalmente testados [TTA] e CONJUNTOS com ensaio de tipo parcialmente testados [PTTA]), em que a tensão nominal não exceda 1.000 VCA, a frequências que não excedam 1.000 Hz, ou 1.500 VCC.

- **NBR 7.288: 1994 – Cabos de potência com isolação sólida extrudada de cloreto de polivinila (PVC) ou polietileno (PE) para tensões de 1 kV a 6 kV:** fixa as condições exigíveis para a qualificação e para a aceitação e/ou recebimento de cabos de potência unipolares, multipolares ou multiplexados, para instalações fixas, isoladas com cloreto de polivinila (PVC) ou polietileno (PE), com cobertura.

- **NBR 7.286:2001 – Cabos de potência com isolação extrudada de borracha etilenopropileno (EPR) para tensões de 1 kV a 35 kV – requisitos de desempenho:** fixa as condições exigíveis para cabos de potência, unipolares, multipolares ou multiplexados, para instalações fixas, isolados com borracha etilenopropileno (EPR), com cobertura.

- **NBR NM 60.884-1:2010 – Plugues e tomadas para uso doméstico e análogo – Parte 1: Requisitos gerais (IEC 60.884-1:2006 MOD):** fixa as condições exigíveis para plugues e tomadas fixas ou móveis exclusivamente para corrente alternada, com ou sem contato terra, de tensão nominal superior a 50 V mas não excedendo 440 V e de corrente nominal igual ou inferior a 32 A, destinadas a uso doméstico e análogo, no interior ou no exterior de edifícios.

- **NBR 14.136:2013 – Plugues e tomadas para uso doméstico e análogo até 20 A/250 V em corrente alternada – padronização:** fixa as dimensões de plugues e tomadas de características nominais até 20 A/250 V em corrente alternada, para uso doméstico e análogo, para a ligação a sistemas de distribuição com tensões nominais compreendidas entre 100 V e 250 V em corrente alternada.

>> Normas específicas

No Brasil existem algumas normas que visam a regulamentar e a fornecer orientações sobre procedimentos obrigatórios relacionados à segurança e à medicina do trabalho. Na área elétrica merece destaque a **Norma Regulamentadora nº 10,** que trata da segurança em instalações e serviços em eletricidade (Brasil, 2004a).

Em seu texto, a **NR-10** estabelece os requisitos e as condições mínimas para a implementação de medidas de controle e sistemas preventivos, de forma a garantir a segurança e a saúde dos trabalhadores que, direta ou indiretamente, interajam em instalações elétricas e serviços com eletricidade. Essa norma é aplicável às fases de geração, transmissão, distribuição e consumo, incluindo as etapas de projeto, construção, montagem, operação, manutenção das instalações elétricas e quaisquer trabalhos realizados nas suas proximidades.

Existem, ainda, as **Normas Técnicas Copel (NTC)**, específicas da concessionária Copel do Paraná. Elas foram criadas com o objetivo de estabelecer as condições mínimas exigidas para o fornecimento de um material a ser utilizado nas redes de distribuição, sejam rurais ou urbanas. Também tratam das exigências necessárias para equipamentos de medição, segurança do trabalho e ferramentas, uniformes e padrões construtivos de redes, entradas de serviços e atividades das empresas fornecedoras de materiais e serviços.

A Copel diferencia suas normas técnicas por meio de siglas, para facilitar o entendimento e agilidade:

- **NTC – Norma Técnica Copel**: refere-se às normas de materiais de redes de distribuição, montagens de redes de distribuição, ferramentas, materiais utilizados em trabalhos com linha viva, projetos de redes de distribuição e padrões para entradas de serviço.

- **ETC – Especificação Técnica Copel**: refere-se aos padrões normativos para fornecimento de equipamentos de medição e também uniformes e equipamentos de segurança do trabalho.

- **MIT – Manual de Instrução Técnica Copel**: define os procedimentos relativos às atividades de projeto, construção, operação, manutenção e controle de qualidade do sistema de distribuição.

NTC 9-01100 – Fornecimento em tensão secundária de distribuição ou norma da concessionária da região (Companhia Paranaense de Energia (1997)

Estabelece as condições gerais para o fornecimento de energia elétrica às instalações de unidades consumidoras atendidas em tensão secundária através das redes de distribuição aérea pela Companhia Paranaense de Energia, aplicável às instalações novas, reformas e/ou ampliações que compõem as entradas de serviço das unidades consumidoras.

NTC 9-03100 – Fornecimento em tensão primária de distribuição (Companhia Paranaense de Energia, 2012)

Estabelece as condições gerais para o fornecimento de energia elétrica às instalações de unidades consumidoras atendidas em tensões nominais de 13,8 kV e 34,5 kV, através das redes primárias de distribuição aérea pela Copel.

Simbologia

Existe uma simbologia normatizada e regulamentada para os projetos elétricos. O setor usa a norma 60417 da International Eletrotechnical Comission (IEC). Mesmo assim, cada projeto deve apresentar uma tabela com a simbologia utilizada, pois nem sempre o executor é o responsável pela elaboração do projeto. É importante a clareza para evitar dúvidas. Também é possível que alguns símbolos não estejam contemplados na norma, em razão da constante atualização e do desenvolvimento tecnológicos, o que corrobora ainda mais a importância da tabela citada.

A título de ilustração, apresentamos uma tabela com a simbologia utilizada pela NBR 5.444:1989, hoje cancelada em razão da adoção da norma do IEC.

Tabela 3.1 >> **Dutos e distribuição**

N°	Símbolo	Significado	Observações
5.1	⌀ 25	Eletroduto embutido no teto ou parede	
5.2	⌀ 25	Eletroduto embutido no piso	Para todas as dimensões em mm indicar a seção, se esta não for de 15 mm
5.3		Telefone no teto	
5.4	—·—·—	Telefone no piso	
5.5	—···—···—	Tubulação para campainha, som, anunciador ou outro sistema	Indicar na legenda o sistema passante
5.6		Condutor de fase no interior do eletroduto	Cada traço representa um condutor. Indicar a seção, n° de condutores, n° do circuito e a seção dos condutores, exceto se forem de 1,5 mm²
5.7		Condutor neutro no interior do eletroduto	
5.8		Condutor de retorno no interior do eletroduto	
5.9		Condutor terra no interior do eletroduto	
5.10		Condutor positivo no interior do eletroduto	
5.11		Condutor negativo no interior do eletroduto	
5.12	—T—T— 50	Cordoalha de terra	Indicar a seção utilizada; em 50 significa 50 mm²

(Continua)

(Continuação)

N°	Símbolo	Significado	Observações
5.13	3(2 x 25•) + 2 x 10•	Leito de cabos com um circuito passante composto de: três fases, cada um por dois cabos de 25 mm² mais dois cabos de neutro de seção 10 mm²	25 significa 25 mm² 10 significa 10 mm²
5.14	Cx. pass. (200x200x100)	Caixa de passagem no piso	Dimensões em mm
5.15	Cx. pass. (200x200x100)	Caixa de passagem no teto	Dimensões em mm
5.16	Cx. pass. (200x200x100)	Caixa de passagem na parede	Indicar a altura e se necessário fazer detalhe (dimensões em mm)
5.17		Eletroduto que sobe	
5.18		Eletroduto que desce	
5.19		Eletroduto que passa descendo	
5.20		Eletroduto que passa subindo	
5.21	I, II, III, IV Tomadas Caixas de pass.	Sistema de calha de piso	No desenho aparecem quatro sistemas que são habitualmente: I- Luz e força II- Telefone (TELEBRÁS) III- Telefone (P(A)BX, KS, ramais) IV- Especiais (COMUNICAÇÕES)
5.21.1		Condutor seção 1,0 mm², fase para campainha	Se for de seção maior, indicá-la
5.21.2		Condutor seção 1,0 mm², neutro para campainha	
5.22		Condutor seção 1,0 mm², retorno para campainha	

Tabela 3.2 >> **Quadros de distribuição**

N°	Símbolo	Significado	Observações
6.1		Quadro parcial de luz e força aparente	
6.2		Quadro parcial de luz e força embutido	
6.3		Quadro geral de luz e força aparente	Indicar as cargas de luz em watts e de força em W ou kW
6.4		Quadro geral de luz e força embutido	
6.5		Caixa de telefones	
6.6		Caixa para medidor	

Tabela 3.3 >> **Interruptores**

N°	Símbolo	Significado	Observações
7.1		Interruptor de uma seção	A letra minúscula indica o ponto comandado
7.2		Interruptor de duas seções	As letras minúsculas indicam os pontos comandados
7.3		Interruptor de três seções	As letras minúsculas indicam os pontos comandados
7.4		Interruptor paralelo ou *Three-Way*	A letra minúscula indica o ponto comandado
7.5		Interruptor intermediário ou *Four-Way*	A letra minúscula indica o ponto comandado
7.6		Botão de minutaria	
7.7		Botão de campainha na parede (ou comando à distância)	Nota: Os símbolos de 7.1 a 7.8 são para plantas e 7.9 a 7.16 para diagramas
7.8		Botão de campainha no piso (ou (comando a distância)	
7.9		Fusível	Indicar a tensão, correntes nominais
7.10		Chave seccionadora com fusíveis, abertura sem carga	Indicar a tensão, correntes nominais Ex.: chave tripolar

(Continua)

(Continuação)

N°	Símbolo	Significado	Observações
7.11		Chave seccionadora com fusíveis, abertura em carga	Indicar a tensão, correntes nominais Ex.: chave bipolar
7.12		Chave seccionadora abertura sem carga	Indicar a tensão, correntes nominais Ex.: chave monopolar
7.13		Chave seccionadora abertura em carga	Indicar a tensão, correntes nominais
7.14		Disjuntor a óleo	Indicar a tensão, corrente potência, capacidade nominal de interrupção e polaridade
7.15		Disjuntor a seco	Indicar a tensão, corrente potência, capacidade nominal de interrupção e polaridade através de traços
7.16		Chave reversora	

Tabela 3.4 » **Luminárias, refletores e lâmpadas**

N°	Símbolo	Significado	Observações
8.1	-4-⃝ 2x100W	Ponto de luz incandescente no teto. Indicar o n° de lâmpadas e a potência em watts	A letra minúscula indica o ponto de comando e o número entre dois traços o circuito correspondente
8.2	2x60W	Ponto de luz incandescente na parede (arandela)	Deve-se indicar a altura da arandela
8.3	-4-⃝ 2x100W	Ponto de luz incandescente no teto (embutido)	
8.4	-4-▭ 4x20W	Ponto de luz fluorescente no teto (indicar o n° de lâmpadas e na legenda o tipo de partida e reator)	A letra minúscula indica o ponto de comando e o número entre dois traços o circuito correspondente

N°	Símbolo	Significado	Observações
8.5	-4- ▭ 4x20W	Ponto de luz fluorescente na parede	Deve-se indicar a altura da luminária
8.6	-4- ▭ 4x20W	Ponto de luz fluorescente no teto (embutido)	
8.7	-4-◐	Ponto de luz incandescente no teto em circuito vigia (emergência)	
8.8	-4-▭	Ponto de luz fluorescente no teto em circuito vigia (emergência)	
8.9	◉	Sinalização de tráfego (rampas, entradas, etc.)	
8.10	⊗	Lâmpada de sinalização	
8.11	●	Refletor	Indicar potência, tensão e tipo de lâmpadas
8.12	○✶○	Poste com duas luminárias para iluminação externa	Indicar as potências, tipo de lâmpadas
8.13	⊗	Lâmpada obstáculo	
8.14	Ⓜ	Minuteria	Diâmetro igual ao do interruptor
8.15	⊕	Ponto de luz de emergência na parede com alimentação independente	
8.16	⊙⊙	Exaustor	
8.17	▭	Motobomba para bombeamento da reserva técnica de água para combate a incêndio	

Tabela 3.5 >> **Tomadas**

N°	Símbolo	Significado	Observações
9.1	⊢⊅⋝₃₋ 300 VA	Tomada de luz na parede, baixo (300 mm do piso acabado)	A potência deverá ser indicada ao lado em VA (exceto se for de 100 VA), como também o n° do circuito correspondente e a altura da tomada, se for diferente da normalizada; se a tomada for de força, indicar o n° de W ou kW
9.2	⊢⊅⋝₃₋ 300VA	Tomada de luz a meio a altura (1.300 mm do piso acabado)	
9.3	⊢⊅⋝₅₋ 300VA	Tomada de luz alta (2.000 mm do piso acabado)	
9.4	▷	Tomada de luz no piso	
9.5	⊢◁	Saída para telefone externo na parede (rede Telebrás)	
9.6	⊢◁	Saída para telefone externo na parede a uma altura "h"	Especificar "h"
9.7	⊢◁	Saída para telefone interno na parede	
9.8	◀	Saída para telefone externo no piso	
9.9	◁	Saída para telefone interno no piso	
9.10	⊢○	Tomada para rádio e televisão	
9.11	⊕	Relógio elétrico no teto	
9.12	⊢⊕	Relógio elétrico na parede	
9.13	⊙	Saída de som, no teto	
9.14	⊢⊙	Saída de som, na parede	Indicar a altura "h"
9.15	⊢○	Cigarro	
9.16	⊢○	Campainha	
9.17	⊢Ⓘⓥ	Quadro anunciador	Dentro do círculo, indicar o número de chamadas em algarismos romanos

Tabela 3.6 >> Motores e transformadores

N°	Símbolo	Significado	Observações
10.1		Gerador	Indicar as características nominais
10.2		Motor	Indicar as características nominais
10.3		Transformador de potência	Indicar a relação de tensões e valores nominais
10.4		Transformador de corrente (um núcleo)	Indicar a relação de espiros, classe de exatidão e nível de isolamento. A barra de primário deve ter um traço mais grosso
10.5		Transformador de potencial	
10.6		Transformador de corrente (dois núcleos)	
10.7		Retificador	

Tabela 3.7 >> Acumuladores

N°	Símbolo	Significado	Observações
11.1		Acumulador ou elementos de pilha	a) O traço longo representa o pólo positivo e o traço curto, o pólo negativo b) Este símbolo poderá ser usado para representar uma bateria se não houver risco de dúvida. Neste caso, a tensão ou o n° e o tipo dos elementos deve(m) ser indicado(s).
11.1.1		Bateria de acumuladores ou pilhas. Forma 1	Sem indicação do número de elementos
11.1.2		Bateria de acumuladores ou pilhas. Forma 2	Sem indicação do número de elementos

>> Utilização

A padronização da simbologia tem como objetivo permitir que qualquer pessoa, independentemente da área de atuação, possa utilizar os projetos elétricos sem risco de interpretações errôneas e execuções fora dos padrões exigidos.

Desta forma, os chamados **diagramas unifilares** utilizam toda essa simbologia para as representações elétricas de projetos. Existem ainda os **diagramas multifilares,** que representam toda a instalação, mostrando detalhes e todos os fios necessários. Esse detalhamento pode complicar a leitura e a execução. Os diagramas unifilares são muitas vezes preferidos por representarem de forma simplificada cada parte da instalação e identificar os circuitos de forma a não criar maiores dificuldades em sua leitura. A Figura 3.1 mostra de forma clara o que acabamos de explicar.

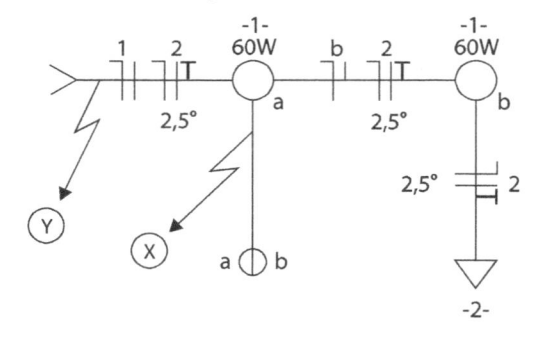

Figura 3.1 >> Instalação de uma lâmpada com interruptor paralelo e uma tomada em esquemas multifilar e unifilar.

Podemos agora imaginar como seria complicada a leitura e compreensão de um projeto elétrico usando um diagrama multifilar em lugar de um diagrama unifilar, como o mostrado abaixo (Figura 3.2):

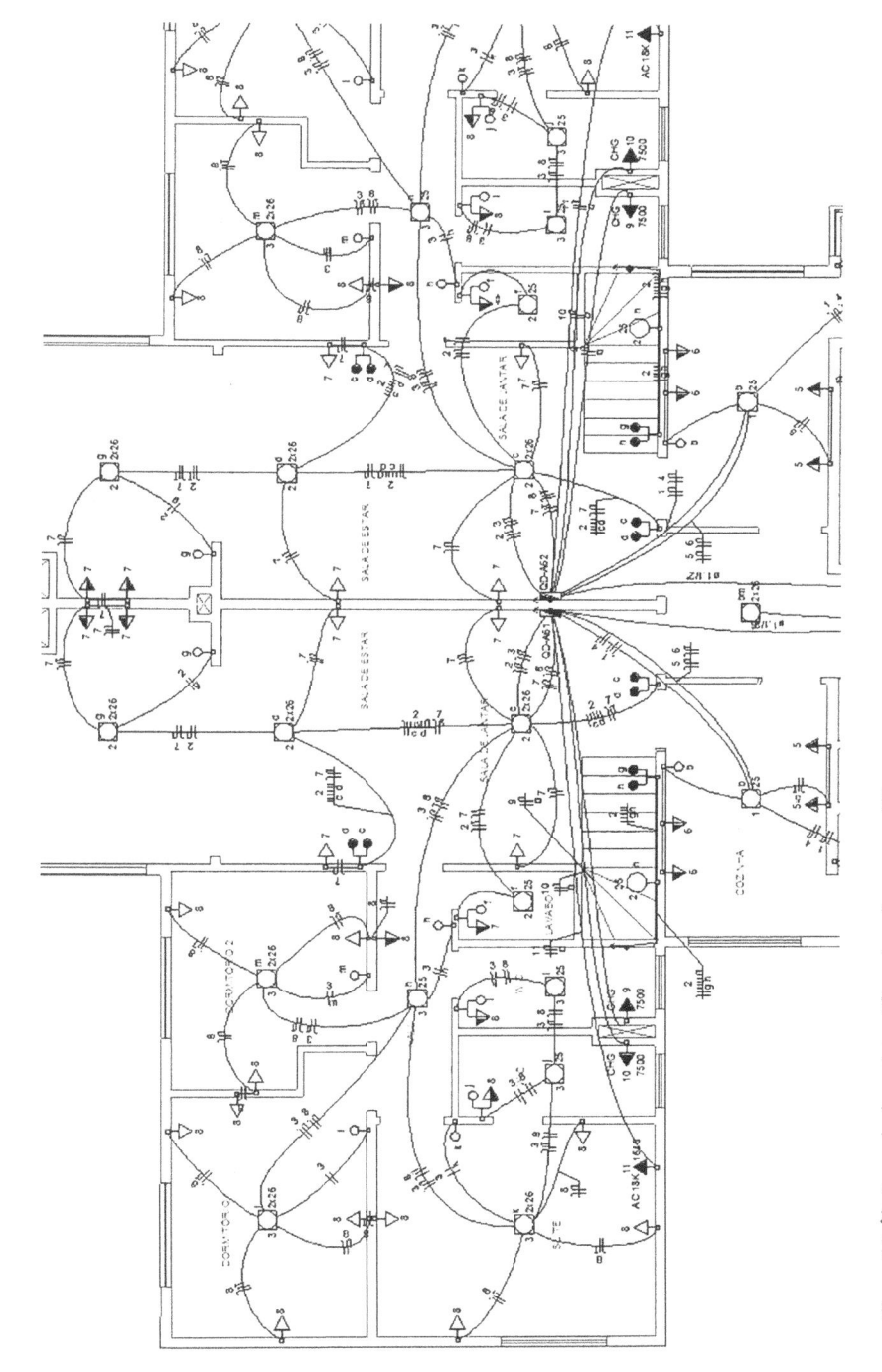

Figura 3.2 >> Exemplo de projeto utilizando o diagrama unifilar.

Atividades

1. Qual a importância de se utilizar as normas técnicas?
2. No Brasil, qual é a entidade responsável pela elaboração, revisão e distribuição das normas técnicas?
3. Qual a hierarquia existente dentro dos órgãos regulamentadores das normas?
4. Cite os seis tipos de classificação das normas.
5. O que significa a sigla ISO e IEC?
6. O que é o padrão NEMA?
7. Quando existirem duas versões para a mesma norma, qual deve ser utilizada?
8. Como é possível saber se a cópia da norma utilizada é a mais recente?
9. Qual é a diferença entre o diagrama unifilar e o multifilar e em que essa diferença implica no que se refere ao uso da simbologia normatizada?
10. Pesquise em sua região quais são as normas específicas da concessionária que são utilizadas em eletricidade.
11. Com base no que você estudou neste capítulo, escreva um pequeno texto relatando a sua percepção sobre a importância do cumprimento das normas técnicas de regulamentação.

CAPÍTULO 4

Ferramentas utilizadas

As ferramentas são instrumentos fundamentais para a realização de diversos trabalhos. Seu conhecimento e sua utilização adequada facilitam e tornam mais produtivo o trabalho do eletricista. Conhecer as características de cada ferramenta e suas formas de utilização são determinantes para a escolha de boas ferramentas.

OBJETIVOS DE APRENDIZAGEM

» Definir as ferramentas necessárias ao trabalho do eletricista, bem como sua capacidade de facilitar a tarefa.
» Descrever as principais ferramentas e a forma de uso de cada uma delas.

Um trabalho bem feito exige não apenas o conhecimento da ferramenta, mas de sua utilização correta. Existem muitas marcas no mercado, e o eletricista deve estar ciente que nem sempre a mais cara é a melhor. No que diz respeito à qualidade, é importante ressaltar que as ferramentas feitas de cromo vanádio e com cabos (quando fornecido) isolados para tensões de 1.000 V, pelo menos, são recomendáveis.

Neste capítulo apresentaremos as ferramentas mais utilizadas em instalações elétricas. Há um grande número delas no mercado, mas neste texto trataremos daquelas que julgamos indispensáveis.

>> Utilização e cuidados

A ferramenta deve ser usada de forma correta, para o fim a que se destina. Para que o profissional conheça a ferramenta adequadamente, é fundamental que leia com atenção o seu manual. Por exemplo, uma chave de fenda não deve ser utilizada como talhadeira, pois ela não foi feita para essa finalidade.

Tão importante quanto a utilização, é a manutenção das ferramentas. Lembre-se que a ferramenta, além de material de trabalho, é o cartão de visita de um profissional. Faça a limpeza das ferramentas, antes de guardá-las, verificando se não necessitam de lubrificação, reparos ou afiação. Ao guardá-las, procure um local isento de poeira, umidade ou sujeira, organizado e de fácil acesso.

> A adequada conservação das ferramentas é muito importante, tanto por tratar-se de seu material de trabalho como por ser o seu cartão de visitas.

>> Tipos de ferramentas

Podemos classificar as ferramentas em:

- elétricas
- manuais
- leves
- pesadas
- profissionais
- para hobby
- industriais

As ferramentas elétricas são encontradas no mercado em três linhas diferentes, designadas para o fim a que se propõem e diferenciadas pela cor de seus invólucros. Assim, temos por padrão as seguintes cores:

- **Azul**: linha destinada ao uso industrial, ferramentas mais robustas.
- **Verde**, **vermelha** ou **amarela**: linha destinada ao uso profissional.
- **Preta**: linha destinada ao uso doméstico, ferramentas mais frágeis.

Veremos a seguir as ferramentas mais usadas pelos eletricistas e, quando for o caso, a forma correta de sua utilização.

Alicates

Os alicates são ferramentas muito úteis ao trabalho do eletricista. Existem diversos tipos, tamanhos e modelos, cada um desenvolvido para aplicações específicas. Os alicates usam o princípio da alavanca, permitindo que a força aplicada sobre um objeto seja multiplicada.

> Na escolha do alicate, deve-se dar preferência aos fabricados em aço cromo vanádio e com cabos isolados para tensões de 1.000 volts (pelo menos), que tenham uma empunhadura confortável e segura, bem como ajuste perfeito e suave.

Alicate universal

O alicate universal é o tipo mais conhecido entre os modelos fabricados e, como o próprio nome indica, pode ser usado em qualquer serviço (Figura 4.1).

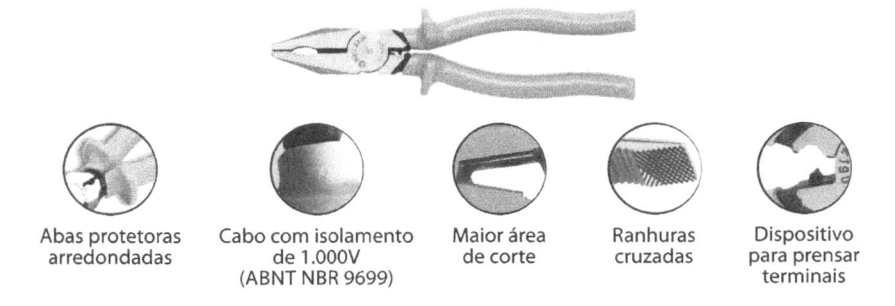

Abas protetoras arredondadas | Cabo com isolamento de 1.000V (ABNT NBR 9699) | Maior área de corte | Ranhuras cruzadas | Dispositivo para prensar terminais

Figura 4.1 >> Alicate universal.
Fonte: Apex Tool Grupo (c2000-2014)

Em eletricidade, deve ser utilizado para pegar e segurar porcas e parafusos no momento do aperto ou desaperto em circuitos, quadros, etc. Também é utilizado para cortar, desencapar e dobrar fios, cabos e outros materiais que ofereçam pouca resistência mecânica, e prensar terminais. É possível cortar fios e arames de cobre, alumínio e aço temperado até um diâmetro de 2 mm².

Atenção: Verifique sempre se, com o alicate fechado, os mordentes e as faces de corte encostam uma na outra.

>> Alicate de bico meia cana

São encontrados alicates de bico reto ou curvo, longo ou curto (Figura 4.2). São muito utilizados para segurar ou guiar peças durante uma conexão, soldagem ou no momento de aparafusar ou soltar algo. Uma de suas importantes utilidades é na dobra de condutores e conectores. Podem ser providos de uma parte chanfrada, utilizada para o corte e decapagem de fios e cabos de pequena seção. Não devem ser utilizados em ações que exigem muito esforço, pois podem entortar ou quebrar.

Alicate de bico meia cana curto

Alicate de bico meia cana longo

Alicate de bico redondo

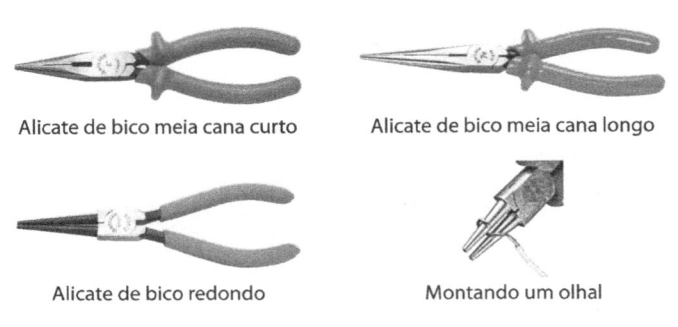

Montando um olhal

Figura 4.2 >> Alicates de bico.
Fonte: Apex Tool Grupo (c2000-2014)

Vale para estes alicates também a recomendação de preferência a instrumentos feitos em aço cromo vanádio e com cabos isolantes. Da mesma forma, o posicionamento correto do mordente e da face de corte deve ser observado.

>> Alicate de corte diagonal

O alicate de corte diagonal é utilizado para efetuar corte de condutores e materiais que oferecem pouca resistência (plástico, terminais de componentes eletrônicos, etc.). Pode ser utilizado na decapagem de condutores (Figura 4.3). Assim como para os demais alicates, deve-se dar preferência aos fabricados em aço cromo vanádio e com cabos isolados para tensões de 1.000 volts (pelo menos), que tenham uma empunhadura confortável e segura e possuam ajuste perfeito e suave.

As faces do corte devem ficar paralelas, sem folga ou qualquer obstáculo que venha a prejudicar o uso da ferramenta.

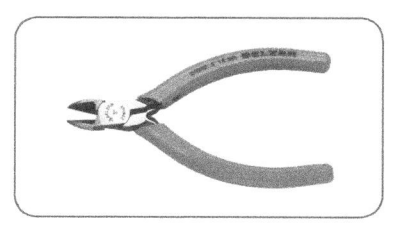

Figura 4.3 >> Alicate de corte diagonal.
Fonte: Apex Tool Grupo (c2000-2014)

>> Alicate descascador de fios

Utilizado para efetuar a decapagem de fios e condutores. Podemos regular o diâmetro do fio ou do condutor por meio do parafuso limitador. Existem muitos modelos, por isso apresentamos nas Figuras 4.4, 4.5 e 4.6 os mais utilizados por profissionais eletricistas. Possuem como principal característica o fato de cortar e remover a capa isolante sem danificar o condutor.

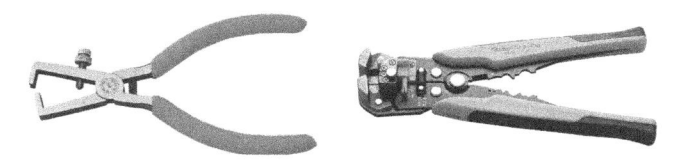

Figura 4.4 >> Alicates descascadores de fio.
Fonte: Apex Tool Group (c2000-2014) e Tramontina Pro (c2015).

Também existem alicates descascadores que efetuam o corte e a crimpagem de conectores.

Figura 4.5 >> Alicate descascador de fio com crimpador.
Fonte: Tramontina Pro (c2015)

Existem outras ferramentas utilizadas para efetuar a decapagem de fios e cabos.

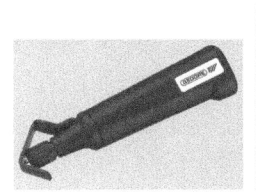

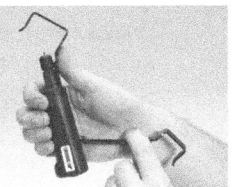

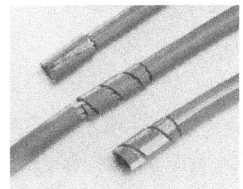

Figura 4.6 >> Descascador de fios.
Fonte: Gedore (2015)

O descascador de fios é muito utilizado por profissionais mais experientes e que realizam trabalhos em indústrias, por trabalharem com fios de bitolas maiores.

Alicate crimpador

O alicate crimpador foi desenvolvido para possibilitar prensar conectores em cabos e fios. Alguns modelos possuem facas que possibilitam o corte de cabos, auxiliando em um acabamento perfeito (Figura 4.7).

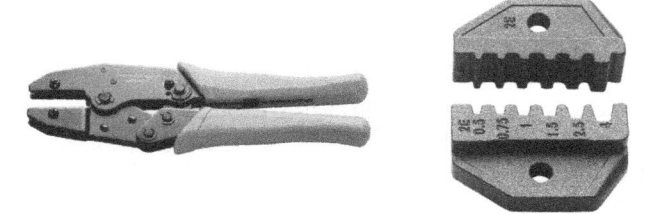

Figura 4.7 >> Alicates crimpadores.
Fonte: Tramontina Pro (c2015)

Existem modelos que possuem sistema de catracas que permitem a crimpagem constante e segura de terminais de cabos. Possuem mandíbulas para uma gama de diâmetros de conectores.

Alicate corta cabos

Alicate corta cabos é utilizado para efetuar o corte de cabo flexível de cobre ou alumínio com diâmetros variáveis. Este tipo de ferramenta efetua o corte de forma que não fiquem rebarbas, por trabalhar com sistema de guilhotina (Figura 4.8).

Figura 4.8 >> Alicate corta cabos.
Fonte: Tramontina Pro (c2015)

A ferramenta projetada para a área elétrica não deve ser utilizada para corte de arames, cabos de aço, pregos, parafusos, etc.

>> Alicate de pressão

Os alicates de pressão são utilizados para os mais variados fins, como segurar, fixar, prender, travar, apertar, cortar e crimpar (Figura 4.9). Sua versatilidade é muito grande, o que lhe garante uso nas mais diversas tarefas:

- prender chapas, tubos, perfis metálicos para que possam ser unidos tanto por solda como por parafuso e rebites;
- soltar parafusos com suas cabeças danificadas;
- segurar dutos e peças para serem cortadas;

Ao utilizar um alicate de pressão, deve-se tomar alguns cuidados:

- não aplicar golpes e/ou batidas no alicate;
- não utilizar o alicate para dar pancadas em objetos;
- efetuar a regulagem correta para que ocorra o travamento somente aplicando a força da mão;
- cuidar o travamento para que não prenda a mão.

Figura 4.9 >> Alicate de pressão.
Fonte: Apex Tool Group (c2000-2014).

Encontramos no mercado diversos tipos de alicate de pressão, cada qual para um uso específico (Figura 4.10).

Alicate tipo corrente

Alicate crimpador

Forquilha 4,0mm²

Slip-ons 1,5mm²

Anel pre-isolado 0,5mm²

Alicate corta tubo

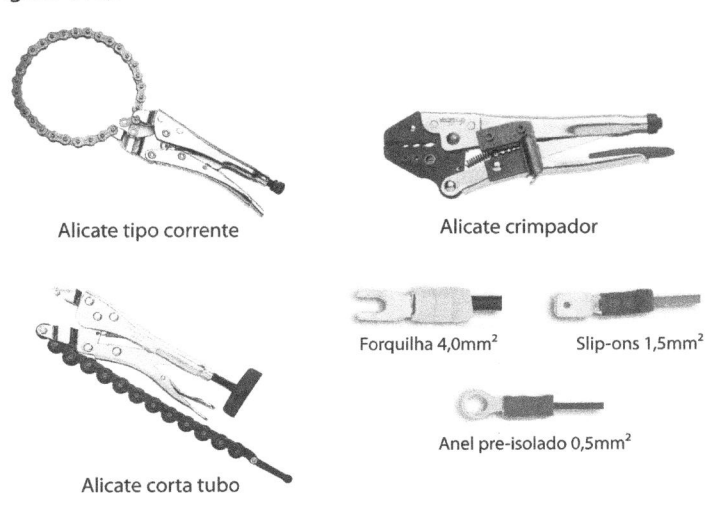

Figura 4.10 >> Tipos de alicates de pressão.
Fonte: Gedore (2015).

Existem alicates para vários diâmetros de tubo e neles o tamanho das correntes varia.

>> Alicate bomba d'água

O alicate bomba d'água é um tipo de alicate muito útil para o eletricista segurar tubos e eletrodutos e efetuar aperto de porcas e contra porcas de eletrodutos (Figura 4.11). Também é muito utilizado para a montagem de conectores do tipo cunha em derivações.

Figura 4.11 >> O alicate bomba d'água tem regulagem de abertura por ranhura.
Fonte: Apex Tool Group (c2000-2014).

>> Chaves

>> Chave de fenda e chave Phillips

Utilizadas com o objetivo de soltar ou apertar parafusos, podemos distinguir dois tipos básicos de chave: chave de fenda e chave Phillips.

O que diferencia a chave de fenda da chave Phillips é o fato de a primeira possuir a extremidade em forma de fenda, e a segunda, em forma de cruz. Normalmente são constituídas por uma haste metálica com uma de suas extremidades forjada em forma de cunha ou cruzada, e o outro extremo fixado em um cabo isolante por um processo de alta pressão (Figuras 4.12 e 4.13).

Devem ser fabricadas em aço cromo-vanádio e receber tratamento térmico para resistir às mais fortes torções.

As chaves devem possuir um design especial para transferir força sem danificar o encaixe da cabeça do parafuso. Elas possuem partes bem definidas, principalmente sua ponta.

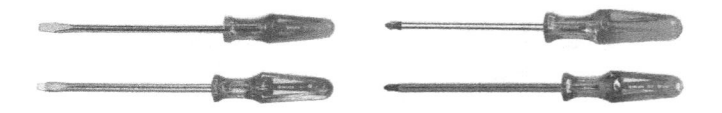

Figura 4.12 >> Chaves de fenda e Phillips.
Fonte: Apex Tool Group (c2000-2014).

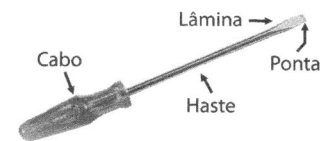

Figura 4.13 >> Partes da chave de fenda.
Fonte: Autores

Não devemos utilizar chave de fenda com defeitos em sua ponta, principalmente nos cabos isolados. Uma boa chave de fenda deverá apresentar uma ponta reta e condizente com a cabeça do parafuso a ser fixado ou solto (Figura 4.14).

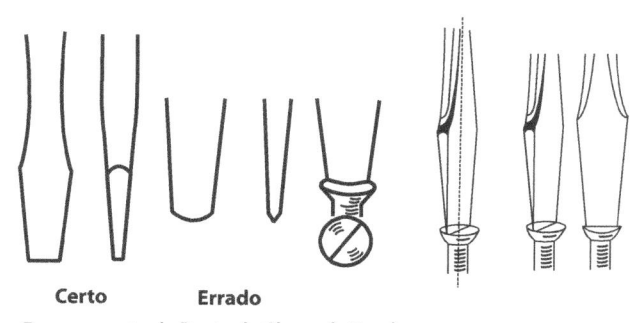

Certo   Errado
Forma correta da Ponta da Chave de Fenda

Figura 4.14 >> Utilização da chave de fenda.
Fonte: Autores

Lembre-se de que chave de fenda não é furador, alavanca ou talhadeira. Sua função é fixar ou soltar parafusos. Da mesma forma que os alicates, deve-se utilizar chaves de fenda e Phillips com sua haste isolada, evitando possíveis choques elétricos.

>> Chave Torx

A chave Torx oferece um sistema de aperto que apresenta um desenho exclusivo em sua cabeça, garantindo maior área de contato entre a chave e o parafuso, tornando praticamente impossível espaná-lo (Figura 4.15).

Figura 4.15 >> Chave Torx.
Fonte: Apex Tool Group (c2000-2014).

Encontram-se chaves Torx nos formatos de chave de fenda (denominadas chaves retas), com hastes e cabos, ou no formato em L, nas quais os dois extremos possuem a ponteira da chave.

As medidas da chave Torx podem ser em milímetros ou em polegadas.

>> Chave Allen

A chave Allen é indicada para parafusos sextavados internamente e é utilizada para apertar, soltar ou calibrar parafusos (Figura 4.16).

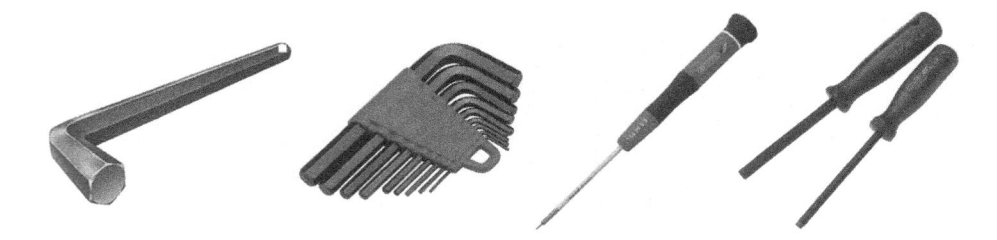

Figura 4.16 >> Chaves Allen.
Fonte: Gedore (2015).

É apresentada em diversos modelos, com cabos de precisão e cabos mais robustos para montagem de painéis e controle elétricos.

>> Chave canhão

As chaves canhão melhoram o trabalho de apertar ou soltar parafusos dentro de quadros ou painéis de difícil acesso (Figura 4.17).

Figura 4.17 >> Chave canhão.
Fonte: Apex Tool Group (c2000-2014).

Deve ser adquirida para a medida específica, pois não permite a substituição da ponteira. As chaves canhão devem ser resistentes e com boa empunhadura, o que facilita sua utilização em trabalhos mais precisos.

» Chave fixa

A chave fixa é uma ferramenta utilizada para o aperto ou desaperto de parafuso e porcas com perfil quadrado ou sextavado. Deve possuir uma profundidade adequada da boca para evitar que a peça a ser solta ou apertada espane ou escape (Figura 4.18).

Figura 4.18 » Chave fixa.
Fonte: Apex Tool Group (c2000-2014).

É possível adquirir chaves com as bocas de medidas diferentes, uma na sequência da outra – por exemplo, 22 e 23 –, e assim por diante. Devem ser de material resistente, como aço vanádio, para resistir ao torque a ser aplicado à ferramenta.

» Chave estrela

A chave estrela é uma ferramenta utilizada para aperto ou desaperto de parafuso e porcas com perfil quadrado ou sextavado. Deve possuir uma altura adequada da cabeça para evitar que o torque venha a quebrar a chave durante o desaperto ou aperto da peça (Figura 4.19).

Figura 4.19 » Chave estrela.
Fonte: Apex Tool Group (c2000-2014).

A medida da boca da chave deve ser a mesma da porca ou parafuso a ser solto ou apertado para evitar o desgaste da peça. Existem chaves com medidas em milímetros e polegadas; utilize sempre a correspondente à peça que se vai soltar ou apertar.

Devem ser de material resistente, como aço vanádio, para resistir ao torque a ser aplicado à ferramenta. No mercado, encontramos as chaves combinadas, que possuem um lado com cabeça estrela e o outro lado com uma cabeça fixa.

Chave de bater

Muitas vezes, no momento do aperto ou desaperto de parafusos em ambientes sujeitos à umidade, poeira e grandes variações de temperatura, é necessário um esforço maior. Para estes casos foram criadas as chaves de bater, que suportam pancadas de martelos, com o objetivo de romper a inércia existente nos parafusos. É possível encontrar chaves de bater estrela e fixa (Figura 4.20).

Chave de bater estrela   Chave de bater fixa

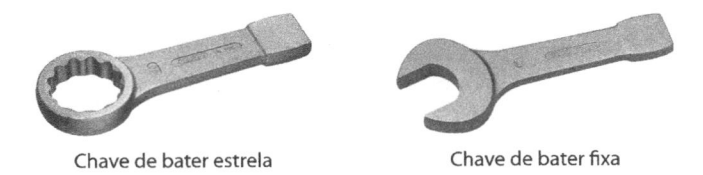

Figura 4.20 >> **Chaves de bater.**
Fonte: Gedore (2015).

As chaves de bater também são denominadas chaves de impacto, por serem submetidas às batidas de martelo ou marreta.

Arco e lâmina de serra

Essa é uma ferramenta muito útil para cortar objetos de metal e até condutores de bitolas maiores. É composta por um arco de serra e uma lâmina (Figura 4.21).

Figura 4.21 >> **Arco de serra.**
Fonte: Starrett

A lâmina deve possuir a dureza e o número de dentes compatível com o material a ser cortado. É importante que seja fixada ao arco de forma adequada, não ficando com a tensão mecânica muito alta ou fraca, para evitar uma possível quebra. Deve-se atribuir uma tensão de aproximadamente 2.000 kg/cm² para que não haja a torção e o emperramento da serra e para que os cortes sejam retos e precisos.

O arco deve possuir uma empunhadura anatômica que venha a otimizar o trabalho, diminuindo o esforço no seu manuseio. Tão importante quanto o arco é a lâmina de serra, que deverá proporcionar eficiência de corte, boa rigidez e durabilidade. Deve ser resistente o suficiente para evitar a quebra de dentes e permitir cortes mais suaves.

Os dentes da lâmina deverão apontar para o sentido contrário ao cabo. Para informações sobre o material e o número de dentes, verifique o Quadro 4.1.

Quadro 4.1 >> **Características do arco e lâmina de serra**

Material	N° de dentes	Seção Transversal
Tubos de ferro, material de aço de pequena seção	18	5 – 13 mm
Esquadrias metálicas, chapas metálicas de média espessura, tubos, conduítes, latão, alumínio e cobre	24	3 – 11 mm
Chapas finas, tubos de paredes finas	32	2,5 – 8 mm

Os arcos de serra contam com componentes que garantem mais desempenho e eficiência no trabalho (Figura 4.22).

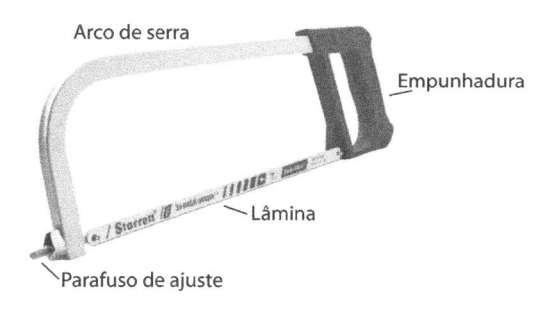

Figura 4.22 >> Partes do arco de serra.
Fonte: Starrett (c2016).

>> Serra copo

A serra copo é uma ferramenta utilizada para efetuar a furação para a passagem de condutores, eletrodutos, tubos, aparelhos elétricos e de ventilação, entre outros (Figura 4.23).

Figura 4.23 >> Tipos de serra copo.
Fonte: Starrett (c2016).

As serras copo com material cortante composto de granalha de tungstênio são utilizadas para furos em mármore, cerâmica, tijolos, madeira, aglomerados, alumínio, laminados, fibra de vidro, azulejos, latão, zinco, cobre, ardósia, amianto, alvenaria em geral, entre outros.

>> Canivete e estilete

Os canivetes e estiletes são muito utilizados na tarefa de decapagem de condutores e na raspagem de materiais a serem soldados ou fixados, facilitando o contato elétrico (Figura 4.24).

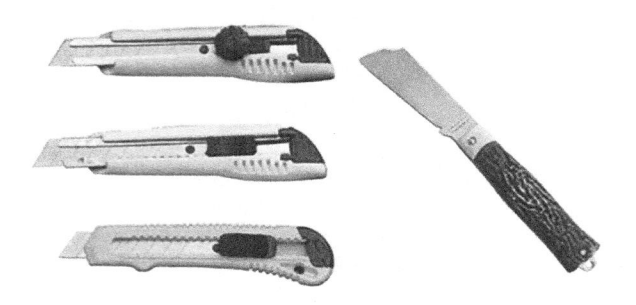

Figura 4.24 >> Estiletes e canivete.
Fonte: Adaptada de Starrett (c2016).

Deve-se ter muito cuidado ao manusear o estilete para evitar acidentes. Ele nunca deve ser utilizado com a rede energizada.

>> Talhadeira, punção e saca-pino

A talhadeira é utilizada para efetuar o corte de paredes (concreto ou alvenaria) e peças de metal, ou para executar alguns serviços de furação ou desobstrução de dutos. Deve-se utilizar uma ferramenta com uma ponteira livre de rebarbas para que o trabalho tenha boa precisão. Já o punção é utilizado para fazer uma marcação ou cavidade para permitir a furação. Os saca-pinos fazem o deslocamento de pinos (Figura 4.25), e podem ser cônicos ou paralelos; a escolha depende do pino a ser deslocado.

Figura 4.25 >> Talhadeira, punção e saca-pino.
Fonte: Apex Tool Group (c2000-2014).

Martelo

Ferramenta utilizada para golpear objetos, pregar e retirar pregos, abrir fendas em paredes, etc., o martelo é muito utilizado nas mais diversas áreas, desde a medicina até a construção de grandes obras.

Consiste em uma ferramenta que serve para amplificar um trabalho mecânico em termos de energia cinética e pressão. Quanto maior o cabo do martelo, maior o trabalho a ser convertido em energia cinética (Figura 4.26).

Figura 4.26 >> Tipos de martelos.
Fonte: Apex Tool Group (c2000-2014).

Produzido em diferentes formatos, cada um tem um uso específico. O importante é que a cabeça do martelo esteja livre de rebarbas e ondulações.

Lima

A lima é uma ferramenta utilizada para desbastar materiais, seja com a finalidade de retirar rebarbas, afiar ou dar acabamento. É composta por ranhuras (ou dentes) que efetuam o desbaste.

Basicamente existem três tipos de lima: murça, segundo corte e bastarda (Figuras 4.27 e 4.28). As murças destinam-se ao acabamento mais delicado das peças, proporcionando uma finalização mais perfeita; as limas de segundo corte destinam-se ao acabamento mais aproximado; e as bastardas efetuam um desbaste mais acentuado, retirando uma quantidade maior de material.

| Murça | 2º Corte | Bastarda |

Figuras 4.27 >> Tipos de limas.
Fonte: Autores

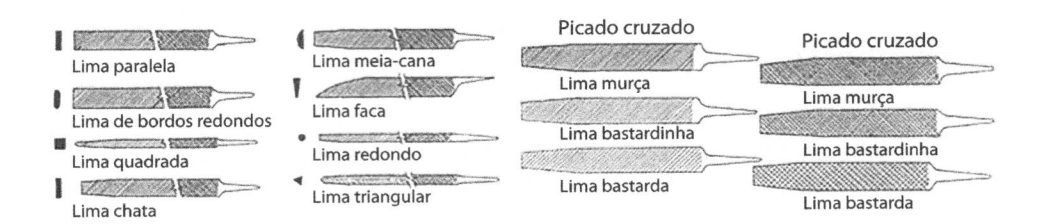

Figuras 4.28 >> Tipos de limas.
Fonte: Autores

A utilização das limas varia de acordo com o tipo de serviço e o material envolvido (Quadro 4.2).

Quadro 4.2 >> **Especificações de limas**

Tipo de lima	Serviço
Planas chatas	Para superfícies planas
Planas paralelas	Para superfícies planas interna
Quadradas	Para superfícies côncavas
Meia cana	Para superfícies côncavas
Triangulares	Para superfícies em ângulo agudo maior que 60°
Facas	Para superfícies em ângulo agudo menor que 60°
Redondas	Para superfícies internas

>> Ferro de solda

Indispensável para o profissional da eletrônica, o ferro de solda é muito útil também para o eletricista. O principal objetivo de uma soldagem em eletricidade é garantir que ocorra uma perfeita junção mecânica e um bom contato elétrico entre a união dos elementos desejados (terminais, olhal, etc).

Como existem diversos tipos de ferro de solda, deve-se escolher o que melhor se adapta ao serviço a ser executado (Figura 4.29). Para os serviços de eletricidade, um ferro com potência entre 60 e 100 watts é o ideal.

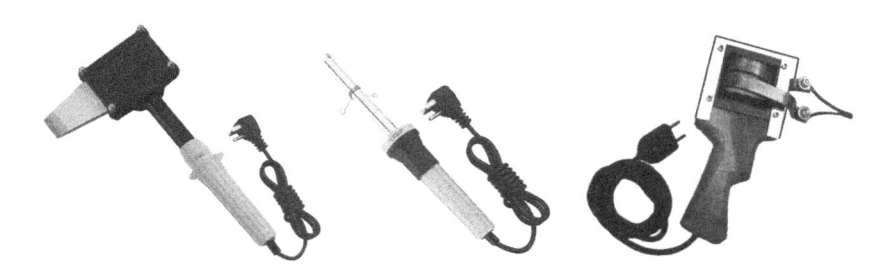

Figura 4.29 >> Ferros de solda.
Fonte: Autores

>> Metro, trena, escala e esquadro

O metro e a trena são utilizados para efetuar medidas de lances de fiação ou de eletrodutos em uma instalação elétrica. Utiliza-se o metro para pequenas medidas e para marcar a altura de quadros de distribuição, de tomadas, de interruptores, etc. A trena é usada para medidas maiores. Muito práticas, são mais populares que o metro.

A escala é utilizada para medir e marcar materiais de menores tamanhos, como em quadros. Essa ferramenta deve possuir uma escala de fácil interpretação e ser fabricada em material resistente à oxidação.

O esquadro é utilizado para que a marcação seja efetuada em ângulos precisos, sem folga em suas conexões. São preferíveis ferramentas construídas em peça única, com uma graduação de fácil interpretação e resistentes à oxidação (dê preferência aos fabricados em alumínio ou aço inox) (Figura 4.30).

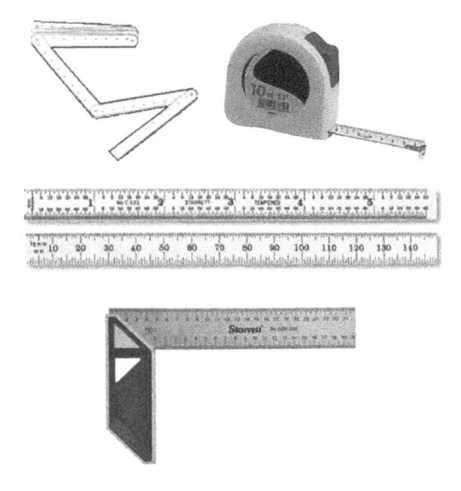

Figura 4.30 >> Metro e trena, no alto; escala, ao centro; e esquadro.
Fonte: Starrett (c2016).

Este tipo de ferramenta não deve possuir folga em relação às terminações para evitar erros de medida.

>> Lâmpada teste

A lâmpada teste pode ser encontrada no formato de chave de fenda, de uma lâmpada com dois terminais ou um modelo que indica (por marcação luminosa) a tensão da rede que se está medindo. A mais comum é composta por uma chave de fenda que tem no interior do cabo uma lâmpada de néon associada em série a um resistor (Figura 4.31).

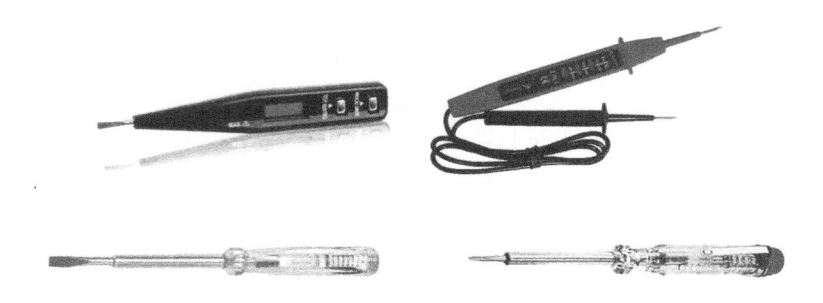

Figura 4.31 >> Lâmpadas teste.
Fonte: Foto dos autores

Ao colocar a ponta da chave de fenda sobre uma superfície energizada e o dedo sobre o cabo da chave, a lâmpada de néon irá acender, caso exista corrente no circuito. A lâmpada teste é útil para descobrir qual é o terminal fase em um circuito.

>> Guias ou passa fios

Utilizado como meio auxiliar para condutores e fios dentro de um eletroduto. É composto por um material resistente, que suporta a força de tração, tendo em uma das extremidades uma esfera fixada em uma pequena haste de aço flexível que permite fazer curvas e, na outra extremidade, um guia que serve para fixar outra guia (Figura 4.32).

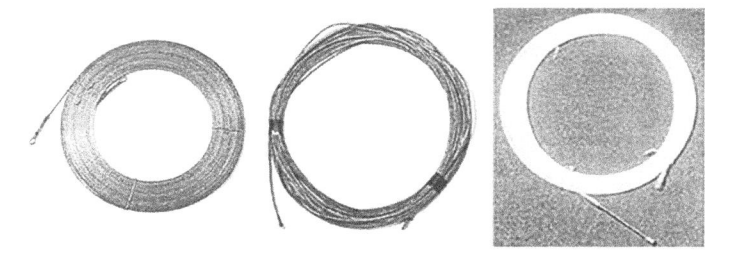

Figura 4.32 >> Passa fios.
Fonte: Foto dos autores

O guia deve ser utilizado para puxar ou guiar outro guia mais resistente, como arame ou cabo de aço, pois não resiste a muito esforço. Existem guias de aço, cabo de aço ou nylon.

Furadeira e brocas

A furadeira é uma ferramenta útil, ainda que não seja indispensável, uma vez que não é sempre que o eletricista necessita fixar algo que já não esteja previamente definido. O eletricista pode dispor de uma furadeira e de um jogo de brocas para o momento que precisar fixar canaletas, abrir furos em paredes, madeira ou qualquer outro local (Figura 4.33).

Figura 4.33 >> Furadeiras.
Fonte: Foto dos autores

Ao adquirir uma furadeira, dê preferência para aquela que tenha a função de impacto com duas velocidades, pois isso facilita o trabalho. Com relação às brocas, deve-se possuir um jogo de brocas para alvenaria (vídea), um jogo para madeira e um jogo para metal. Utilizar a broca incorreta pode gerar danos à própria broca e ao material a ser furado.

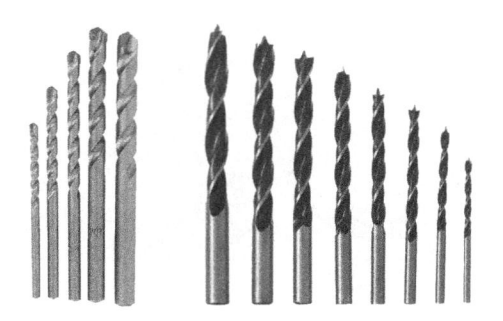

Figura 4.34 >> Brocas.
Fonte: ATX Ferramentas (c2016) e Casa & Video (c2016).

>> Diversos

Além das ferramentas citadas, o eletricista pode dispor de outras, que lhe serão de grande auxílio, como:

- esmeril – uso restrito em oficina;
- marreta;
- maçarico a gás – utilizado para esquentar eletroduto ao dobrá-lo;
- tarraxa – para fazer roscas em eletrodutos metálicos e de PVC;
- torno de bancada;
- torno de encanador – para prender eletroduto para corte ou rosca.

Neste capítulo não nos deteremos às ferramentas citadas, por tratarem-se de materiais mais caros e utilizados apenas por eletricistas mais experientes e com mais tempo de profissão.

>> Atividades

1. Quais são os tipos de ferramentas?
2. Tecnicamente os fabricantes dividem as ferramentas em industrial, profissional e de uso doméstico. Com o objetivo de separar cada linha, eles criaram um padrão de cores. Relacione as colunas quanto à classificação por cores das ferramentas:

   (A) Azul   ( ) linha destinada ao uso profissional

   (B) Preta   ( ) uso industrial, ferramentas mais robustas

   (C) Verde, vermelha ou amarela   ( ) uso doméstico, ferramentas mais frágeis

3. Qual o cuidado que se deve ter com as ferramentas?

4. É possível utilizar um alicate de corte diagonal para decapar fios? Justifique.

5. Uma chave Torx é utilizada para apertar/soltar parafusos com cabeça Allen. Esta afirmação está correta? Justifique.

6. Ao comprar uma lâmina de serra, não é importante se preocupar com o número de dentes da lâmina, pois todas irão realizar a função de cortar. Esta afirmação está correta? Justifique.

7. Indique a forma correta de utilizar uma chave de fendas.

8. É possível amolar uma chave de fenda Phillips após perder sua ponta? Justifique sua resposta.

9. Qual a ferramenta mais indicada para fazer a remoção de pinos de fechaduras?

10. Como deve ser o cabo do martelo quando se trata de converter a força aplicada em energia cinética?

11. Após realizar o corte de um material, qual tipo de lima deve ser utilizada para fazer o acabamento mais delicado?

12. Para fazer um furo em uma superfície de madeira, qual tipo de broca é mais conveniente?

CAPÍTULO 5

Fios e cabos

>>
Fios e cabos são produtos destinados à condução de corrente elétrica de um ponto para outro. Suas características principais são ditadas pelas resistências mecânica e elétrica e sua condutibilidade.

Os chamados condutores são feitos de cobre ou alumínio, mas também podem ser feitos de outros materiais metálicos, como ouro, prata e ligas metálicas. O que limita o material com que são fabricados os condutores é a sua condutibilidade, resistência mecânica, resistência elétrica, peso e, principalmente, o preço do material.

Neste capítulo você conhecerá alguns itens importantes para a escolha dos condutores de eletricidade.

Objetivos de aprendizagem

>> Descrever a destinação e a utilização de fios e cabos para a execução de trabalhos elétricos.
>> Identificar os elementos de composição de fios e cabos condutores.
>> Reconhecer a função, as cores, os tipos e o dimensionamento dos condutores.
>> Resumir as etapas da capacidade de condução de corrente e da queda de tensão.

Condutores

Os condutores podem ser classificados de várias formas. Neste livro usaremos a classificação relevante para o eletricista. É possível definir três elementos principais em um condutor (Figura 5.1):

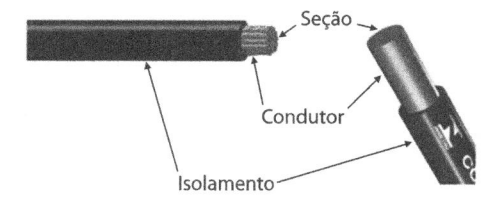

Figura 5.1 >> Elementos do condutor.
Fonte: Autores

- **Seção:** é o diâmetro do condutor propriamente dito, a área de metal pela qual irá circular a corrente elétrica.
- **Condutor:** é o material metálico que transportará a corrente elétrica. Pode ser de cobre ou alumínio.
- **Isolante:** é o revestimento que tem a função de isolar o condutor do contato com outros objetos. Pode ser de cloreto de polivinila (PVC), etilenipropileno (EPR) ou polietileno reticulado (XLPE).

Os condutores podem aparecer de duas formas diferentes: fio ou cabo. O **fio** é composto por um único condutor, com maior rigidez e mais difícil de ser dobrado e manuseado; é um condutor redondo sólido único, também denominado condutor rígido ou fio sólido, podendo ser de cobre ou alumínio, nu, esmaltado ou isolado (Figura 5.2).

Figura 5.2 >> Fios condutores.
Fonte: Autores

Já o **cabo** é composto por vários fios de áreas menores, ou seja, é um elemento com vários condutores, vários fios nus encordoados. Também denominado condutor flexível, pode ser de cobre ou alumínio, nu ou isolado. Os cabos são mais fáceis de manipular, pois possuem maior flexibilidade (Figura 5.3).

Figura 5.3 >> Cabos condutores.
Fonte: Autores

Os cabos podem ser constituídos por dois ou mais fios, formando cordas e conferindo-lhes maior ou menor flexibilidade. Quanto maior a quantidade de fios, maior será a flexibilidade do cabo. Os condutores, de acordo com sua concepção, podem ter as seguintes formas construtivas:

- **Encordoamento simples:** formado por duas ou mais camadas concêntricas de fios com o mesmo diâmetro, em torno de um fio central.

- **Encordoamento compactado:** após a corda formada, ela passa por um processo de compactação que reduz o diâmetro final do cabo, uma vez que os espaços internos entre os fios são reduzidos (Figura 5.4).

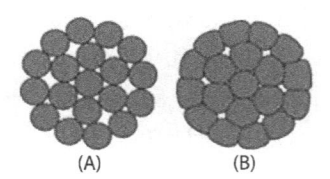

Figura 5.4 >> Encordoamento: A. Simples; B. Compactado.
Fonte: Autores

>> Função

Quanto à função que desempenham no circuito, os condutores recebem uma classificação que facilita sua identificação.

- **PE**: condutor de proteção, também denominado condutor terra.
- **PEN**: condutor utilizado como condutor de proteção e neutro ao mesmo tempo.
- **Neutro**: condutor neutro.
- **Fase**: condutor fase.

» Cores

A NBR 5.410:2004 (ASSOCIAÇÃO BRASILEIRA DE NORMAS TÉCNICAS, 2004a) recomenda que os condutores tenham cores especiais para facilitar conexões, manutenções, identificações e proteção contra raios ultravioleta, como meio de garantir a segurança. Por exemplo, ela recomenda que os condutores submetidos à radiação solar sejam revestidos com cores especiais. Desta forma, os condutores devem ser identificados de acordo com a função que vierem a desempenhar, conforme apresentado no Quadro 5.1.

Quadro 5.1 » **Identificação de condutores por cores**

Função	Cor correspondente
Neutro	Azul-claro, na isolação do condutor isolado ou da veia do cabo multipolar, ou na cobertura do cabo unipolar.
Proteção (PE)	Dupla coloração verde-amarela ou a cor verde, na isolação do condutor isolado ou da veia do cabo multipolar, ou na cobertura do cabo unipolar.
Proteção (PEN)	Azul-claro, com anilhas verde-amarelo nos pontos visíveis ou acessíveis, na isolação do condutor isolado ou da veia do cabo multipolar, ou na cobertura do cabo unipolar.
Fase	Qualquer cor, exceto as anteriores.

» Tipos

Os condutores podem ser nus ou isolados, apresentando ou não camadas de isolantes sobre eles (Figuras 5.5 e 5.6). Também são classificados da seguinte forma:

- **Condutor nu:** caso não apresentem a camada isolante;
- **Condutor unipolar:** quando composto por um único condutor;
- **Condutor multipolar:** quando composto por mais de um condutor isolado.

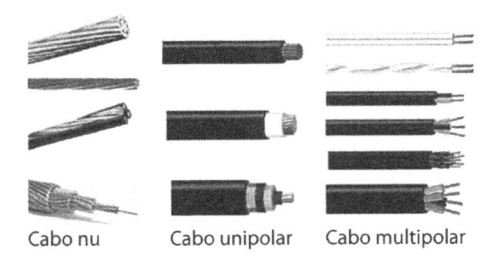

Figura 5.5 » Tipos de condutores.
Fonte: Autores

Figura 5.6 » Cabos Multipolares.
Fonte: Autores

>> Dimensionamento

O dimensionamento de condutores obedece à determinação da área de seção transversal (bitola) mínima necessária para que a corrente elétrica realize o seu trabalho. A NBR 5.410:2004 estabelece diversos itens que permitem a determinação da seção do condutor. De acordo com a NBR citada, existem seis critérios para o dimensionamento de um condutor:

- Seção mínima
- Proteção contra choques elétricos
- Proteção contra sobrecargas
- Proteção contra curto-circuito
- Capacidade de condução de corrente
- Queda de tensão

>> Seção mínima

A NBR 5.410:2004 estabelece que a seção mínima que os condutores devem possuir são as reproduzidas na Tabela 5.1.

Tabela 5.1 >> **Seção mínima dos condutores**[1]

Tipo de Linha		Utilização do circuito	Seção mínima do condutor mm^2 - material
Instalações fixas em geral	Condutores e cabos isolados	Circuitos de iluminação	1,5 Cu - 16 Al
		Circuitos de força[2]	2,5 Cu - 16 Al
		Circuitos de sinalização e circuitos de controle	0,5 Cu[3]
	Condutores nus	Circuitos de força	10 Cu - 16 Al
		Circuitos de sinalização e Circuitos de controle	4 Cu
Linhas flexíveis com cabos isolados		Para um equipamento específico	Como especificado na norma do equipamento
		Para qualquer outra aplicação	0,75 Cu[4]
		Circuitos a extrabaixa tensão para aplicações especiais	0,75 Cu

[1] *Seções mínimas ditadas por razões mecânicas.*
[2] *Os circuitos de tomadas de corrente são considerados circuitos de força.*
[3] *Em circuitos de sinalização e controle destinados a equipamentos eletrônicos é admitida uma seção mínima de 0,1 mm^2.*
[4] *Em cabos multipolares flexíveis contendo sete ou mais veias é admitida uma seção mínima de 0,1 mm^2.*

A seção de referência do(s) condutor(es) fase do circuito é usada para dimensionar os condutores neutro e de proteção, utilizando tabelas específicas da NBR 5.410:2004, que trata de instalações de baixa tensão.

O item 5.1 da norma é dedicado à proteção contra choques elétricos e estabelece, já na sua introdução, os princípios fundamentais e norteadores das medidas de proteção:

- partes vivas perigosas não devem ficar acessíveis; e
- massas ou partes condutivas não devem oferecer perigo, tanto em condições normais como em caso de alguma falha que as tornem acidentalmente vivas.

Assim, a proteção, segundo a NBR, compreende dois tipos de procedimentos:

1. **Proteção básica**: que consiste em impedir o contato com partes vivas perigosas em condições normais e é tratado no item 3.2.2 da própria norma.
2. **Proteção supletiva**: que consiste em garantir proteção contra choques elétricos quando massas ou partes condutivas acessíveis tornam-se acidentalmente vivas e é tratado no item 3.2.3 da mesma norma.

≫ Proteção contra sobrecargas e contra curto-circuito

Quando a intensidade de corrente elétrica em um circuito elétrico ultrapassa seu valor de intensidade nominal de trabalho, mas é inferior à corrente de curto-circuito, temos a **sobrecarga.**

Por definição, um **curto-circuito** é uma falha, intencional ou acidental, que ocorre quando um ou mais pontos de um circuito são interligados por meio de uma resistência (ou impedância) próxima de zero. Geralmente é uma corrente com valor superior à capacidade de condução de corrente do condutor, que provoca a fusão deste.

A NBR 5.410:2004, em seu item 5.3.1.1 diz: "Os condutores vivos devem ser protegidos por um ou mais dispositivos de seccionamento automático contra sobrecargas e contra curtos circuitos". Desta forma, torna-se necessária a utilização de dispositivos específicos para realizar a proteção contra sobrecargas, que serão apresentados no Capítulo 7 – Dispositivos de Proteção e Seccionamento.

≫ Capacidade de condução de corrente

A capacidade de condução de corrente determina qual é a seção mínima do(s) condutor(es) fase de um circuito capaz de garantir ao material condutor e à sua isolação condições de operação adequadas em relação aos efeitos térmicos causados pela passagem da corrente elétrica. Para o dimensionamento, pelo critério da capacidade de condução de corrente, será utilizado um roteiro com o objetivo de auxiliar em todas as etapas:

- Escolha o tipo de isolação.
- Classifique o método de instalação.
- Calcule a corrente de projeto (I_B).
- Determine o número de condutores carregados.
- Determine os fatores de correção de agrupamento e de temperatura.
- Calcule a corrente de projeto corrigida (I_c).
- Escolha a corrente efetiva e a seção mínima do condutor.

>> Tipo de isolação

A isolação do condutor possui duas funções básicas: isolar eletricamente e proteger o condutor durante o processo de enfiação do condutor dentro do eletroduto. Além disso, a isolação também protege o condutor da oxidação e de possíveis danos decorrentes de contato com produtos químicos, poeira ou agentes corrosivos.

A NBR 5.410:2004 prevê que todos os cabos devem contar com isolamento, exceto quando a utilização de condutores nus ou providos apenas de cobertura for permitida.

Assim, de acordo com a norma, os cabos uni ou multipolares deverão atender às seguintes normas:

- Os cabos com isolação de EPR devem atender à ABNT NBR 7.286 (ASSOCIAÇÃO BRASILEIRA DE NORMAS TÉCNICAS, 2001).
- Os cabos com isolação de XLPE devem atender à ABNT NBR 7.287 (ASSOCIAÇÃO BRASILEIRA DE NORMAS TÉCNICAS, 2009a).
- Os cabos com isolação de PVC devem atender à ABNT NBR 7.288 (ASSOCIAÇÃO BRASILEIRA DE NORMAS TÉCNICAS, 1994) ou à NBR 8.661 (ASSOCIAÇÃO BRASILEIRA DE NORMAS TÉCNICAS, 1997).

Para uma isolação elétrica é necessário que o material isolante possua alta rigidez dielétrica, que suporte altas tensões sem que ocorra o rompimento do isolamento. Também é necessário que possua uma alta resistividade, propiciando uma resistência de isolação mínima de 5 MΩ.

A rigidez dielétrica de condutores é normatizada e simbolizada pela relação V_0/V, em que V_0 é a tensão eficaz entre o condutor e o terra (fase-terra) e V é a tensão eficaz entre os condutores (fase-fase).

A Tabela 5.2 apresenta as tensões nominais de isolamento normalizadas para baixa tensão.

Tabela 5.2 >> **Tensões nominais de isolamento**

Aplicação	Tensão de Isolamento Vo/V
Baixa Tensão	300/300
	300/500
	450/750
	0,6/1 kV

A escolha do tipo de isolação dos condutores da instalação permite determinar a temperatura máxima a que esses condutores podem ser submetidos quando estiverem operando em regime contínuo, seja em sobrecarga ou em curto-circuito.

Os tipos de isolação mais utilizados para os condutores são PVC, EPR e XLPE.

Ao ser percorrido por uma corrente elétrica, a temperatura máxima à qual o condutor é submetido para serviço contínuo não deve exceder os valores fornecidos pela NBR 5.410, reproduzidos na Tabela 5.3.

Tabela 5.3 >> **Temperaturas características dos condutores**

Tipo de Isolação	Temperatura máxima para serviço contínuo (°C)	Temperatura limite de sobrecarga (°C)	Temperatura limite de curto-circuito (°C)
Policloreto de vinila (PVC) até 300 mm²	70	100	160
Policloreto de vinila (PVC) maior que 300 mm²	70	100	140
Borracha Etileno propileno (EPR)	90	130	250
Polietileno reticulado (XLPE)	90	130	250

Por razões de custo, os condutores utilizados em instalações elétricas residenciais e comerciais possuem isolação de PVC resistentes à chama.

> Apesar de existirem três tipos de isolação mais comum (PVC, EPR e XLPE), pelo custo o mais utilizado em instalações elétricas residenciais é o PVC.

>> Método de instalação

Os condutores são instalados dentro de eletrodutos aparentes, ou embutidos em canaletas, bandejas, subterrâneos, enterrados ou ao ar livre, em cabos unipolares ou multipolares, entre outros. O método de instalação influencia na capacidade de condução de corrente, uma vez que afeta a forma de troca de calor entre o condutor e o meio ambiente.

A Tabela 5.4 apresenta os métodos de instalação existentes descritos na tabela "Tipos de Linhas Elétricas" da NBR 5.410:2004.

Tabela 5.4 >> **Métodos de instalação**

Método de instalação número	Esquema ilustrativo	Descrição	Método de referência[1]
1	Face interna	Condutores isolados ou cabos unipolares em eletroduto de seção circular embutido em parede termicamente isolante[2]	A1
2	Face interna	Cabo multipolar em eletroduto de seção circular embutido em parede termicamente isolante[2]	A2
3		Condutores isolados ou cabos unipolares em eletroduto aparente de seção circular sobre parede ou espaçado desta menos de 0,3 vez o diâmetro do eletroduto	B1
4		Cabo multipolar em eletroduto aparente de seção circular sobre parede ou espaçado desta menos de 0,3 vez o diâmetro do eletroduto	B2
5		Condutores isolados ou cabos unipolares em eletroduto aparente de seção não circular sobre parede	B1
6		Cabo multipolar em eletroduto aparente de seção não circular sobre parede	B2
7		Condutores isolados ou cabos unipolares em eletroduto de seção circular embutido em alvenaria	B1

Método de instalação número	Esquema ilustrativo	Descrição	Método de referência[1]
8		Cabo multipolar em eletroduto de seção circular embutido em alvenaria	B2
11		Cabos unipolares ou cabo multipolar sobre parede ou espaçado desta menos de 0,3 vez o diâmetro do cabo	C
11A		Cabos unipolares ou cabo multipolar fixado diretamente no teto	C
11B		Cabos unipolares ou cabo multipolar afastado do teto mais de 0,3 vez o diâmetro do cabo	C
12		Cabos unipolares ou cabo multipolar em bandeja não perfurada, perfilado ou prateleira[3]	C
13		Cabos unipolares ou cabo multipolar em bandeja perfurada, horizontal ou vertical [4]	E (multipolar) F (unipolares)
14		Cabos unipolares ou cabo multipolar sobre suportes horizontais, eletrocalha aramada ou tela	E (multipolar) F (unipolares)
15		Cabos unipolares ou cabo multipolar afastado(s) da parede mais de 0,3 vez o diâmetro do cabo	E (multipolar) F (unipolares)
16		Cabos unipolares ou cabo multipolar em leito	E (multipolar) F (unipolares)

(Continua)

(Continuação)

Método de instalação número	Esquema ilustrativo	Descrição	Método de referência[1]
17		Cabos unipolares ou cabo multipolar suspenso(s) por cabo de suporte, incorporado ou não	E (multipolar) F (unipolares)
18		Condutores nus ou isolados sobre isoladores	G
21		Cabos unipolares ou cabos multipolares em espaço de construção[5], sejam eles lançados diretamente sobre a superfície do espaço de construção, sejam instalados em suportes ou condutos abertos (bandeja, prateleira, tela ou leito) dispostos no espaço de construção [5,6]	$1,5\,D_e \leq V < 5\,D_e$ B2 $5\,D_e \leq V < 50\,D_e$ B1
22		Condutores isolados em eletroduto de seção circular em espaço de construção [5,7]	$1,5\,D_e \leq V < 20\,D_e$ B2 $V \geq 20\,D_e$ B1
23		Cabos unipolares ou cabo multipolar em eletroduto de seção circular em espaço de construção [5,7]	B2
24		Condutores isolados em eletroduto de seção não circular ou eletrocalha em espaço de construção[5]	$1,5\,D_e \leq V < 20\,D_e$ B2 $V \geq 20\,D_e$ B1
25		Cabos unipolares ou cabo multipolar em eletroduto de seção não circular ou eletrocalha em espaço de construção[5]	B2
26		Condutores isolados em eletroduto de seção não circular embutido em alvenaria[6]	$1,5 \leq V < 5\,D_e$ B2 $5\,D_e \leq V < 50\,D_e$ B1

Método de instalação número	Esquema ilustrativo	Descrição	Método de referência[1]
27		Cabos unipolares ou cabo multipolar em eletroduto de seção não circular embutido em alvenaria	B2
31 32	31 32	Condutores isolados ou cabos unipolares em eletrocalha sobre parede em percurso horizontal ou vertical	B1
31[a] 32[a]	31A 32B	Cabo multipolar em eletrocalha sobre parede em percurso horizontal ou vertical	B2
33		Condutores isolados ou cabos unipolares em canaleta fechada embutida no piso	B1
34		Cabo multipolar em canaleta fechada embutida no piso	B2
35		Condutores isolados ou cabos unipolares em eletrocalha ou perfilado suspensa(o)	B1
36		Cabo multipolar em eletrocalha ou perfilado suspensa(o)	B2
41	D_e V	Condutores isolados ou cabos unipolares em eletroduto de seção circular contido em canaleta fechada com percurso horizontal ou vertical [7]	1,5 De ≤ V 20 De B2 V ≥ 20 De B1
42		Condutores isolados em eletroduto de seção circular contido em canaleta ventilada embutida no piso	B1

(Continua)

(Continuação)

Método de instalação número	Esquema ilustrativo	Descrição	Método de referência[1]
43		Cabos unipolares ou cabo multipolar em canaleta ventilada embutida no piso	B1
51		Cabo multipolar embutido diretamente em parede termicamente isolante[2]	A1
52		Cabos unipolares ou cabo multipolar embutido(s) diretamente em alvenaria sem proteção mecânica adicional	C
53		Cabos unipolares ou cabo multipolar embutido(s) diretamente em alvenaria com proteção mecânica adicional	C
61		Cabo multipolar em eletroduto (de seção circular ou não) ou em canaleta não ventilada enterrado(a)	D
61a		Cabos unipolares em eletroduto (de seção não circular ou não) ou em canaleta nãoventilada enterrado(a)[8]	D
63		Cabos unipolares ou cabo multipolar diretamente enterrado(s), com proteção mecânica adicional[9]	D
71		Condutores isolados ou cabos unipolares em moldura	A1

Método de instalação número	Esquema ilustrativo	Descrição	Método de referência[1]
72 72A	72 72A	72 - Condutores isolados ou cabos unipolares em canaleta provida de separações sobre parede 72A - Cabo multipolar em canaleta provida de separações sobre parede	B1 B2
73		Condutores isolados em eletroduto, cabos unipolares ou cabo multipolar embutido(s) em caixilho de porta	A1
74		Condutores isolados em eletroduto, cabos unipolares ou cabo multipolar embutido(s) em caixilho de janela	A1
75 75A	75 75A	75 - Condutores isolados ou cabos unipolares em canaleta embutida em parede 75A - Cabo multipolar em canaleta embutida em parede	B1 B2

[1] Método de referência a ser utilizado na determinação da capacidade de condução de corrente. Ver 6.2.5.1.2.

[2] Assume-se que a face interna da parede apresenta uma condutância térmica não inferior a 10 W/m².K.

[3] Admitem-se também condutores isolados em perfilado, desde que nas condições definidas na nota de 6.2.11.4.1.

[4] A capacidade de condução de corrente para bandeja perfurada foi determinada considerando-se que os furos ocupassem no mínimo 30% da área da bandeja. Se os furos ocuparem menos de 30% da área da bandeja, ela deve ser considerada como "não perfurada".

[5] Conforme a ABNT NBR IEC 60050 (826), os poços, as galerias, os pisos técnicos, os condutos formados por blocos alveolados, os forros falsos, os pisos elevados e os espaços internos existentes em certos tipos de divisórias (como, por exemplo, as paredes de gesso acartonado) são considerados espaços de construção.

[6] De é o diâmetro externo do cabo, no caso de cabo multipolar. No caso de cabos unipolares ou condutores isolados, distinguem-se duas situações:

– três cabos unipolares (ou condutores isolados) dispostos em trifólio: De deve ser tomado igual a 2,2 vezes o diâmetro do cabo unipolar ou condutor isolado;

– três cabos unipolares (ou condutores isolados) agrupados num mesmo plano: De deve ser tomado igual a 3 vezes o diâmetro do cabo unipolar ou condutor isolado.

[7] De é o diâmetro externo do eletroduto, quando de seção circular, ou altura/profundidade do eletroduto de seção não circular ou da eletrocalha.

[8] Admite-se também o uso de condutores isolados, desde que nas condições definidas na nota de 6.2.11.6.1.

[9] Admitem-se cabos diretamente enterrados sem proteção mecânica adicional, desde que esses cabos sejam providos de armação (ver 6.2.11.6). Deve-se notar, porém, que esta Norma não fornece valores de capacidade de condução de corrente para cabos armados. Tais capacidades devem ser determinadas como indicado na ABNT NBR 11301.

NOTA: Em linhas ou trechos verticais, quando a ventilação for restrita, deve-se atentar para risco de aumento considerável da temperatura ambiente no topo do trecho vertical.

Em instalações residenciais, geralmente se utiliza o método de instalação de número 7, cujo código de referência é o B1 – Condutores isolados ou cabos unipolares em eletroduto de seção circular embutido em alvenaria.

>> Corrente de projeto (I_B)

É a corrente nominal do circuito, sob condições normais de operação e conforme os tipos de circuitos, considerando a tensão, a potência, o fator de potência, o rendimento e se o circuito é monofásico, bifásico ou trifásico. Assim, pode ser aplicada qualquer uma das fórmulas apresentada na Tabela 5.5.

Tabela 5.5 >> **Fórmulas para cálculo da corrente de projeto**

Circuito Monofásico		
Carga Resistiva	Carga Indutiva (Reator e Motor)	Qualquer Carga
$I_B = \dfrac{P}{\nu}$	$I_B = \dfrac{P}{\nu \times \cos\varphi \times \eta}$	$I_B = \dfrac{S}{\nu}$
Circuito Bifásico		
Carga Resistiva	Carga Indutiva (Reator e Motor)	Qualquer Carga
$I_B = \dfrac{P}{\nu}$	$I_B = \dfrac{P}{\nu \times \cos\varphi \times \eta}$	$I_B = \dfrac{S}{\nu}$
Circuito Trifásico		
$I_B = \dfrac{P}{\sqrt{3}\,\nu \times \cos\varphi \times \eta}$		$I_B = \dfrac{S}{\sqrt{3}\,\nu}$

Onde:
P = Potência ativa (W)
V = Tensão entre fases
S = Potência aparente (VA)
η = Rendimento
ν = Tensão entre fase e neutro
$\cos\varphi$ = Fator de potência

» Número de condutores carregados

São considerados condutores carregados aqueles que conduzem corrente elétrica em condições normais de operação, como a fase e o neutro. Sendo assim, o condutor de proteção (PE) não é considerado condutor carregado, uma vez que sob condições normais, não deve conduzir corrente. O número de condutores carregados é apresentado na NBR 5.410:2004, as informações foram reproduzidas na Tabela 5.6.

Tabela 5.6 » **Número de condutores carregados a ser considerado, em função do tipo de circuito**

Esquema de condutores vivos do circuito	Número de condutores carregados a ser adotado
Monofásico a dois condutores	2
Monofásico a três condutores	2
Duas fases sem neutro	2
Duas fases com neutro	3
Trifásico sem neutro	3
Trifásico com neutro	3 ou 4

» Fatores de correção

Tanto em relação às diferenças de temperaturas como em relação ao número de condutores carregados, é necessário fazer a correção da corrente de projeto. Assim, existem dois fatores que devem ser aplicados:

1. **Fator de correção de temperatura (FCT):** utilizado quando a temperatura ambiente é diferente de 30°C para cabos não subterrâneos e em caso de temperatura do solo diferente de 20°C para cabos subterrâneos. A NBR 5.410:2004 apresenta a tabela "Fator de Correção de Temperatura", reproduzida na Tabela 5.7.

2. **Fator de correção de agrupamento (FCA):** utilizado quando há mais de um circuito instalado em um mesmo eletroduto ou outro tipo de conduto (eletrocalha, bandeja, eletrodutos enterrados, etc). A NBR 5.410:2004 apresenta as informações reproduzidas nas Tabelas 5.8, 5.9, 5.10 e 5.11.

Tabela 5.7 » Fatores de correção para temperaturas ambientes diferentes de 30°C para linhas não subterrâneas e de 20°C (temperatura do solo) para linhas subterrâneas

Temperatura						Ambiente								
(°C)	10	15	20	25	35	40	45	50	55	60	65	70	75	80
PVC	1,22	1,17	1,12	1,06	0,94	0,87	0,79	0,71	0,61	0,5	-	-	-	-
EPR ou XLPE	1,15	1,12	1,08	1,04	0,96	0,91	0,87	0,82	0,76	0,71	0,65	0,58	0,5	0,41

Temperatura						Solo							
(°C)	10	15	20	30	35	40	45	50	60	65	70	75	80
PVC	1,15	1,11	1,05	0,94	0,88	0,82	0,75	0,67	0,47	-	-	-	-
EPR ou XLPE	1,11	1,07	1,04	0,96	0,92	0,88	0,83	0,78	0,68	0,62	0,55	0,48	0,39

Tabela 5.8 >> Fatores de correção aplicáveis a condutores agrupados em feixe (em linhas abertas ou fechadas) e a condutores agrupados em um mesmo plano, em camada única

Item	Disposição dos cabos justapostos	Número de circuitos ou de cabos multipolares										Tabelas dos métodos de referência
		1	2	3	4	5	6	7	8	9 a 11	12 a 15	16 a 19	20	
1	Feixe de cabos ao ar livre ou sobre condutos fechados	1,00	0,80	0,70	0,65	0,60	0,57	0,54	0,52	0,50	0,45	0,41	0,38	31 a 34 (métodos A a F)
2	Camada única sobre parede, piso ou em bandeja não perfurada ou prateleira	1,00	0,85	0,79	0,75	0,73	0,72	0,72	0,71	0,70				31 a 32 (método C)
3	Camada única no teto	0,95	0,81	0,72	0,68	0,66	0,64	0,63	0,62	0,61				
4	Camada única em bandeja perfurada	1,00	0,88	0,82	0,77	0,75	0,73	0,73	0,72	0,72				33 a 34 (método E e F)
5	Camada única em leito, suporte	1,00	0,87	0,82	0,80	0,80	0,79	0,79	0,78	0,78				

1 Esses fatores são aplicáveis a grupos homogêneos de cabos, uniformemente carregados.
2 Quando a distância horizontal entre cabos adjacentes for superior ao dobro de seu diâmetro externo, não é necessário aplicar nenhum fator de redução.
3 O número de circuitos ou de cabos com o qual se consulta a tabela refere-se
– à quantidade de grupos de dois ou três condutores isolados ou cabos unipolares, cada grupo constituindo um circuito (supondo-se um só condutor por fase, isto é, sem condutores em paralelo), e/ou
– à quantidade de cabos multipolares que compõe o agrupamento, qualquer que seja essa composição (só condutores isolados, só cabos unipolares, só cabos multipolares ou qualquer combinação).
4 Se o agrupamento for constituído, ao mesmo tempo, de cabos bipolares e tripolares, deve-se considerar o número total de cabos como sendo o número de circuitos e, de posse do fator de agrupamento resultante, a determinação das capacidades de condução de corrente, nas tabelas 36 a 39 deve ser então efetuada:
– na coluna de dois condutores carregados, para os cabos bipolares; e
– na coluna de três condutores carregados, para os cabos tripolares.
5 Um agrupamento com N condutores isolados, ou N cabos unipolares, pode ser considerado composto tanto de N/2 circuitos com dois condutores carregados quanto de N/3 circuitos com três condutores carregados.
6 Os valores indicados são médios para a faixa usual de seções nominais, com dispersão geralmente inferior a 5%.

Tabela 5.9 >> **Fatores de correção aplicáveis a agrupamentos consistindo em mais de uma camada de condutores**

		Quantidade de circuitos trifásicos ou de cabos multipolares por camada				
		2	3	4 ou 5	6 a 8	9 e mais
Quantidade de camadas	2	0,68	0,62	0,60	0,58	0,56
	3	0,62	0,57	0,55	0,53	0,51
	4 ou 5	0,60	0,55	0,52	0,51	0,49
	6 a 8	0,58	0,53	0,51	0,49	0,48
	9 e mais	0,56	0,51	0,49	0,48	0,46

NOTAS:
[1] Os fatores são válidos independentemente da disposição da camada, se horizontal ou vertical
[2] Sobre condutores agrupados em uma única camada, ver tabela 42 linhas 2 a 5 da tabela).
[3] Se forem necessários valores mais precisos, deve-se recorrer à ABNT NB IR 11301.

Tabela 5.10 >> **Fatores de agrupamento para linhas com cabos diretamente enterrados**

Numero de circuitos	Distâncias entre cabos[1] (a)				
	Nula	Um diâmetro de cabe	0,125 m	0,25 m	0,5 m
2	0,75	0,80	0,85	0,90	0,90
3	0,65	0,70	0,75	0,80	0,85
4	0,60	0,60	0,70	0,75	0,80
5	0,55	0,55	0,65	0,70	0,80
6	0,50	0,55	0,60	0,70	0,80

Cabos multipolares   Cabos unipolares

[1] Os valores indicados são aplicáveis para uma profundidade de 0.7 m e urna resistividade térmica do solo de 2,5 K.m/W. São valores médios para as dimensões de cabos abrangidas rias tabelas 36 e 37. Os valores médios arredondados podem apresentar erros de até ± 10% em certos casos. Se forem necessários valores mais precisos, deve-se recorrer a ABNT NBR 11301.

Tabela 5.11 » Fatores de agrupamento para linhas em eletrodutos enterrados[1]

Cabos mulltipolares em eletrodutos - Um cabo por eletroduto

Número de circuitos	Espaçamento entre eletrodutos (a)			
	Nulo	0,25 m	0,5 m	1,0 m
2	0,85	0.90	0.95	0,95
3	0,75	0,85	0,90	0,95
4	0.70	0,80	0,85	0,90
5.	0,65	0,80	0,85	0,90
6	0.60	0,80	0,80	0,80

Condutores isolados ou cabos unipolares em eletrodutos[2] - um condutor por eletroduto

Número de circuitos (grupos de dois ou três condutores)	Espaçamento entre eletrodutos (a)			
	Nulo	0.25 m	0,5 m	1,0 m
2	0,80	0,90	0,90	0,95
3	0,70	0,80	0,95	0,90
4	0,65	0,75	0,80	0,90
5	0,60	0,70	0,90	0,90
6	0,60	0,71	0,80	0,90

(a)
Cabos multipolares   Cabos unipolares

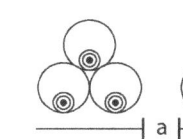

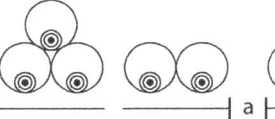

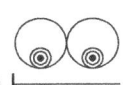

[1] Os valores indicados são aplicáveis para uma profundidade de 0,7 m e uma resistividade térmica do solo de 2,5 K.m/W. São valores médios para as seções de condutores constantes nas tabelas 36 e 37. Os valores médios arredondados podem apresentar erros de até ±10% em certos casos. Se forem necessários valores mais precisos, deve-se recorrer á ABNT NBR 11301.

[2] Deve-se atentar para as restrições e problemas que envolvem o uso de condutores isolados ou cabos unipolares em eletrodutos metálicos quando se tem um único condutor por eletroduto.

Esses fatores de agrupamento devem ser utilizados para condutores semelhantes carregados, caso isso não aconteça, deve-se utilizar a seguinte fórmula:

$$F = \frac{1}{\sqrt{n}}$$

Em que:

- F = fator de correção
- n = número de circuitos ou cabos multipolares

São considerados condutores semelhantes aqueles cuja capacidade de condução de corrente baseia-se na mesma temperatura máxima para serviço contínuo e cujas seções nominais estão contidas em intervalos de três seções normalizadas sucessivas (por exemplo: 4, 6 e 10 mm²).

❯❯ Corrente de projeto corrigida (I_c)

Após a obtenção da corrente de projeto (I_B) e conforme as variações de temperatura e agrupamento, é necessário obter a corrente de projeto corrigida. Ela é obtida por meio da aplicação dos fatores de correção à corrente de projeto I_B calculada.

$$I_c = \frac{I_B}{FCT \times FCA}$$

❯❯ Corrente efetiva e seção mínima

Com o valor de I_c calculado, chegamos às orientações fornecidas pela tabela "Capacidade de condução de corrente" da NBR 5.410:2004, e obtemos a corrente efetiva e a seção mínima do condutor que atende às especificações. A seguir serão apresentadas as Tabelas 5.12, 5.13, 5.14, e 5.15 sobre condução de corrente, que correspondem às informações da NBR 5.410:2004.

A corrente encontrada nas tabelas de condução de corrente deve ser igual ou superior à corrente corrigida. Com a corrente obtida na tabela, verifica-se na coluna à esquerda, denominada seções nominais dos condutores em mm², a seção do condutor que satisfaz a condição necessária. Por exemplo, para um condutor de cobre com isolação de PVC, com temperatura no condutor de 70°C e com temperatura ambiente de 30°C, dois condutores carregados, referência B1, submetidos a uma corrente corrida I_c = 38 A, temos:

Tabela 5.12, sexta coluna: encontram-se os valores 32 A (linha 12) e 41 A (linha 13). Como o valor calculado é de 38 A, admite-se a corrente de maior valor, portanto 41 A, que corresponde a um fio de seção igual a 6 mm².

Condutores: cobre e alumínio

Isolação: PVC

Temperatura no condutor: 70°C

Temperaturas de referência do ambiente: 30°C (ar), 20°C (solo)

Tabela 5.12 » **Capacidades de condução de corrente, em ampères, para os métodos de referência A1, A2, B1, B2, C e D**

Seções Nominais (mm²)	Métodos de referência											
	A1		A2		B1		B2		C		D	
	Número de condutores carregados											
	2	3	2	3	2	3	2	3	2	3	2	3
(1)	(2)	(3)	(4)	(5)	(6)	(7)	(8)	(9)	(10)	(11)	(12)	(13)
Cobre												
0,5	7	7	7	7	9	8	9	8	10	9	12	10
0,75	9	9	9	9	11	10	11	10	13	11	15	12
1	11	10	11	10	14	12	13	12	15	14	18	15
1,5	14,5	13,5	14	13	17,5	15,5	16,5	15	19,5	17,5	22	18
2,5	19,5	18	18,5	17,5	24	21	23	20	27	24	29	24
4	26	24	25	23	32	28	30	27	36	32	38	31
5	34	31	32	29	41	36	36	34	46	41	47	39
10	46	42	43	39	57	50	52	46	63	57	63	52
16	61	56	57	52	76	68	69	62	85	76	81	67
25	80	73	75	68	101	89	90	80	112	96	104	86
35	99	89	92	83	125	110	111	99	138	119	125	103
50	119	108	110	99	151	134	133	118	168	144	148	122
70	151	136	139	125	192	171	168	149	213	184	183	151
95	182	164	167	150	232	207	201	179	258	223	216	179
120	212	188	192	172	269	239	232	206	299	259	246	203
150	240	216	219	196	309	275	265	236	344	299	278	230

(Continua)

(Continuação)

Seções Nominais (mm²)	Métodos de referência										
185	273	245	248	223	353	314	300	268	392	341	312	258
240	321	286	291	261	415	370	351	313	461	403	361	297
300	367	328	334	298	477	426	401	358	530	464	408	336
400	438	390	398	355	571	510	477	425	634	557	478	394
500	502	447	456	406	656	587	545	486	729	642	540	445
630	578	514	526	467	758	678	626	559	843	743	614	506
800	669	593	609	540	881	788	723	645	978	865	700	577
1000	767	679	698	618	1012	906	827	738	1125	996	792	652
Alumínio												
10	36	32	33	31	44	39	41	36	49	44	48	40
16	48	43	44	41	60	53	54	48	66	59	62	52
25	63	57	58	53	79	70	71	62	83	73	80	66
35	77	70	71	65	97	86	86	77	103	90	96	80
50	93	84	86	78	118	104	104	92	125	110	113	94
70	118	107	108	98	150	133	131	116	160	140	140	117
95	142	129	130	118	181	161	157	139	195	170	166	138
120	164	149	150	135	210	186	181	160	226	197	189	157
150	189	170	172	155	241	214	206	183	261	227	213	178
185	215	194	195	176	275	245	234	208	298	259	240	200
240	252	227	229	207	324	288	274	243	352	305	277	230
300	289	261	263	237	372	331	313	278	406	351	313	260
400	345	311	314	283	446	397	372	331	488	422	366	305
500	396	356	360	324	512	456	425	378	563	486	414	345
630	456	410	416	373	592	527	488	435	653	562	471	391
800	529	475	482	432	687	612	563	502	761	654	537	446
1000	607	544	552	495	790	704	643	574	878	753	607	505

Condutores: cobre e alumínio

Isolação: EPR ou XLPE

Temperatura no condutor: 90°C

Temperaturas de referência do ambiente: 30°C (ar), 20°C (solo)

Tabela 5.13 >> **Capacidades de condução de corrente, em ampères, para os métodos de referência A1, A2, B1, B2, C e D**

Seções Nominais (mm²)	Métodos de referência											
	A1		A2		B1		B2		C		D	
	Número de condutores carregados											
	2	3	2	3	2	3	2	3	2	3	2	3
Cobre												
0,5	10	9	10	9	12	10	11	10	12	11	14	12
0,75	12	11	12	11	15	13	15	13	16	14	18	15
1	15	13	14	13	18	16	17	15	19	17	21	17
1,5	19	17	18,5	16,5	23	20	22	19,5	24	22	26	22
2,5	26	23	25	22	31	28	30	26	33	30	34	29
4	35	31	33	30	42	37	40	35	45	40	44	37
6	45	40	42	38	54	48	51	44	58	52	56	46
10	61	54	57	51	75	66	69	60	80	71	73	61
16	81	73	76	68	100	88	91	80	107	96	95	79
25	106	95	99	89	133	117	119	105	138	119	121	101
35	131	117	121	109	164	144	146	128	171	147	146	122
50	318	285	290	259	407	358	349	307	441	371	324	271
70	200	179	183	164	253	222	221	194	269	229	213	178
95	241	216	220	197	306	269	265	233	328	278	252	211
120	278	249	253	227	354	312	305	268	382	322	287	240
150	318	285	290	259	407	358	349	307	441	371	324	271

(Continua)

(Continuação)

Seções Nominais (mm²)	Métodos de referência										
185	362	324	329	295	464	408	395	348	506	424	363	304
240	424	380	386	346	546	481	462	47	599	500	419	351
300	486	435	442	396	628	553	529	465	693	576	474	396
400	579	519	527	472	751	661	628	552	835	692	555	464
500	664	595	64	541	864	760	718	631	966	797	627	525
630	765	685	696	623	998	879	825	725	1122	923	711	596
800	885	792	805	721	1158	1020	952	737	1311	1074	811	679
1000	1014	908	923	826	1332	1173	1088	957	1515	1237	916	767
Alumínio												
16	64	58	60	55	79	71	72	64	84	76	73	61
25	84	76	78	71	105	93	94	84	101	90	93	78
35	103	94	96	87	130	116	115	103	126	112	112	94
50	125	113	115	104	157	140	138	124	154	136	132	112
70	158	142	145	131	200	179	175	156	198	174	163	138
95	191	171	175	157	242	217	210	188	241	211	193	164
120	220	197	201	180	281	251	242	216	280	245	220	186
150	253	226	230	206	323	289	277	248	324	283	249	210
185	288	256	262	233	368	330	314	281	371	323	279	236
240	338	300	307	273	433	389	368	329	439	382	322	272
300	387	344	352	313	499	447	421	377	508	440	364	308
400	462	409	421	372	597	536	500	448	612	529	426	361
500	530	468	483	426	687	617	573	513	707	610	482	408
630	611	538	556	490	794	714	658	590	821	707	547	464
800	708	622	644	566	922	830	760	682	958	824	624	529
1000	812	712	739	648	1061	955	870	780	1108	950	706	598

Condutores: cobre e alumínio

Isolação: PVC

Temperatura no condutor: 70°C

Temperatura ambiente de referência: 30°C

Tabela 5.14 >> **Capacidades de condução de corrente, em ampères, para os métodos de referência E, F e G**

Seções nominais dos condutores mm^2	Métodos de referência						
	Cabos Multipolares		Cabos Unipolares[1]				
	Dois condutores carregados	Três condutores carregados	Dois condutores carregados, em trifólio	Três condutores carregados, em trifólio	Três condutores carregados, no mesmo plano		
					Justapostos	Espaçados	
						Horizontal	Vertical
	Método E	Método E	Método F	Método F	Método F	Método G	Método G
Cobre							
0,5	11	9	11	8	9	12	10
0,75	14	12	14	11	11	16	13
1	17	14	17	13	14	19	16
1,5	22	18,5	22	17	19	24	2l
2,5	30	25	31	24	25	34	29
4	40	34	41	33	34	45	39
6	51	43	53	43	45	59	51
10	70	60	73	60	63	81	71
16	94	80	99	82	85	110	97
25	119	101	131	110	114	146	130
35	148	126	162	137	143	181	162
50	180	153	196	167	174	219	197
70	232	196	231	216	225	281	254

(Continua)

(Continuação)

Seções nominais dos condutores mm²	Métodos de referência						
95	282	238	304	264	275	341	311
120	328	276	352	308	321	396	362
150	379	319	406	356	372	456	419
185	434	364	463	409	427	521	480
240	514	430	546	485	507	615	569
300	593	497	629	561	587	709	659
400	715	597	754	656	689	852	795
500	826	689	868	749	789	982	920
630	958	798	1005	855	905	1138	1070
800	1118	930	1169	971	1119	1325	1251
1000	1292	1073	1346	1079	1296	1528	1448
Alumínio							
16	73	61	73	62	65	84	73
25	89	78	98	84	87	112	99
35	111	90	122	105	109	139	124
50	135	11i	149	128	133	169	152
70	173	139	192	166	173	217	196
95	210	183	235	203	212	265	241
120	244	212	273	237	247	308	282
150	282	2.:5	316	274	287	356	327
185	122	280	363	315	330	407	376
240	15.3	730	430	375	392	482	447
300	439	381	497	434	455	557	519
400	525	458	600	$26	552	671	629
500	608	528	694	610	640	775	730
630	795	613	808	711	640	775	730
800	822	714	944	832	875	1050	1000
1000	948	823	1092	965	1015	1211	1161

[1] *Ou, ainda, condutores isolados, quando o método de instalação permitir*

Condutores: cobre e alumínio

Isolação: EPR ou XLPE

Temperatura no condutor: 90°C

Temperatura ambiente de referência: 30°C

Tabela 5.15 >> **Capacidades de condução de corrente, em ampères, para os métodos de referência E, F e G**

Seções nominais dos condutores mm²	Métodos de referência							
	Cabos Multipolares		Cabos Unipolares					
	Dois condutores carregados	Três condutores carregados	Dois condutores carregados, em trifólio	Três condutores carregados, em trifólio	Três condutores carregados, no mesmo plano			
					Justapostos	Espaçados		
							Horizontal	Vertical
	Método E	Método E	Método F	Método F	Método F	Método E	Método E	
Cobre								
0,5	13	12	13	10	10	15	12	
0,75	17	15	17	13	14	19	16	
1	21	18	21	21	17	23	19	
1,5	26	23	27	21	22	30	25	
2,5	36	32	37	27	30	41	35	
4	49	42	50	40	42	56	48	
6	63	54	65	53	55	73	63	
10	86	75	90	74	77	101	88	
16	115	100	121	101	105	137	120	
25	149	127	161	135	141	182	161	
35	185	158	200	169	176	226	201	
50	225	192	242	207	716	275	246	
70	289	246	310	268	279	353	318	

(Continua)

(Continuação)

Seções nominais dos condutores mm²	Métodos de referência						
95	352	298	377	328	342	430	389
120	410	346	437	383	400	500	454
150	473	399	504	444	464	577	527
185	542	456	575	510	533	661	605
240	641	538	679	607	654	281	719
300	74]	261	783	703	736	902	1333
400	892	745	940	823	868	1085	1008
500	1030	859	1083	946	998	1253	1169
630	1196	995	1254	1088	1151	1454	1362
800	1396	1159	1460	1252	1328	1696	1595
1000	1613	1336	1683	1420	1511	1958	1849
Alumínio							
16	91		90	76	79	103	90
75	108	97	121	103	107	138	122
35	135	120	130	129	135	172	153
50	164	146	184	159	165	210	188
70	211	187	237	209	215	271	244
95	257	227	289	253	264	332	300
120	300	263	337	296	308	387	351
150	346	302	389	343	358	445	408
185	397	346	447	395	413	515	470
240	470	409	530	471	492	611	561
300	543	471	613	547	571	708	652
400	654	566	740	663	694	856	792
500	756	652	856	770	806	991	921
430	879	755	996	899	942	1154	1077
800	1026	879	1164	1056	1106	1351	1266
1000	1186	1012	1347	1226	1285	1565	1472

De acordo com as características dos condutores, utiliza-se uma das tabelas apresentadas neste tópico. Também é possível utilizar as tabelas fornecidas pelos fabricantes de condutores, considerando as características próprias dos produtos por eles produzidos.

> Além das informações apresentadas na NBR 5.410:2004, é possível utilizar as tabelas fornecidas pelos fabricantes de condutores, considerando as características próprias dos produtos por eles produzidos.

» Queda de tensão

O dimensionamento pelo critério da queda de tensão considera o fato de que a resistência elétrica, provocada pela resistividade dos condutores, pelo contato entre condutores e interruptores, pelas emendas e outras conexões, provoca uma queda de tensão.

Geralmente a tensão nominal inicial de uma instalação elétrica pode ser estabelecida em três pontos iniciais:

- no secundário do transformador de média tensão ou de baixa tensão da concessionária de fornecimento de energia;
- no secundário do transformador de média tensão ou de baixa tensão da unidade consumidora;
- no gerador da unidade consumidora.

> Uma queda de tensão acentuada na tensão nominal, originada no ponto de origem e se estendendo até o ponto de consumo final, compromete o desempenho do equipamento a ser alimentado e reduz a sua vida útil e a de seus componentes.

» Limites percentuais de queda de tensão

A NBR 5410:2004 estabelece os limites percentuais de queda tensão em relação à tensão nominal da instalação. De acordo com o Item 6.2.7.1, "em qualquer ponto de utilização da instalação, a queda de tensão (ΔV%(máx)) verificada não deve ser superior aos seguintes valores, dados em relação ao valor da tensão nominal da instalação:

- 7%, calculados a partir dos terminais secundários do transformador MT/BT, no caso de transformador de propriedade da(s) unidade(s) consumidora(s);
- 7%, calculados a partir dos terminais secundários do transformador MT/BT da empresa distribuidora de eletricidade, quando o ponto de entrega for aí localizado;
- 5%, calculados a partir do ponto de entrega, nos demais casos de ponto de entrega com fornecimento em tensão secundária de distribuição;
- 7%, calculados a partir dos terminais de saída do gerador, no caso de grupo gerador próprio.

Notas:

1. Estes limites de queda de tensão são válidos quando a tensão nominal dos equipamentos de utilização previstos for coincidente com a tensão nominal da instalação.

2. Ver definição de 'ponto de entrega' (3.4.3) da NBR 5.410: 2004.

3. Nos casos das alíneas a), b) e d), quando as linhas principais da instalação tiverem um comprimento superior a 100 m, as quedas de tensão podem ser aumentadas de 0,005% por metro de linha superior a 100 m, sem que, no entanto, essa suplementação seja superior a 0,5%.

4. Para circuitos de motores, ver também 6.5.1.2.1, 6.5.1.3.2 e 6.5.1.3.3, da NBR 5410: 2004.

A Figura 5.7 apresenta a forma de considerar a queda de tensão de acordo com a NBR 5.410:2004. No caso de dois ou mais quadros de distribuição (QD), é importante fazer a distribuição conforme apresenta o terceiro caso da figura.

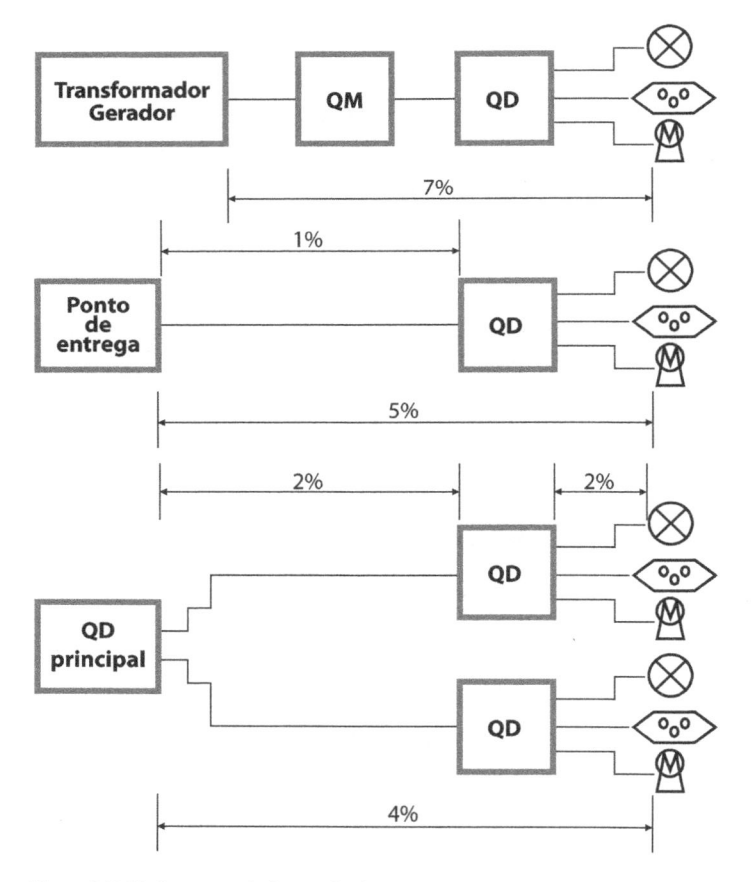

Figura 5.7 >> Percentuais de queda de tensão.
Fonte: Autores

Em nenhum caso a queda de tensão nos circuitos terminais pode ser superior a 4%, exceto em casos de quedas de tensão maiores que as indicadas no item 6.2.7.1 da NBR 5.410:2004, para equipamentos com corrente de partida elevada, durante o período de partida, desde que dentro dos limites permitidos em suas normas respectivas.

Para o dimensionamento com o método de queda de tensão, será utilizado um roteiro com o objetivo de auxiliar todas as etapas:

- **Definir o material do eletroduto:** o eletroduto poderá ser composto por material magnético ou não magnético, por exemplo, PVC ou aço galvanizado.
- **Especificar o tipo de circuito:** o circuito será monofásico, bifásico ou trifásico.
- **Especificar a tensão do circuito:** a tensão à qual o circuito será submetido (127 V, 220 V, etc.)
- **Calcular a corrente de projeto (I_B):** a corrente do projeto é a mesma obtida no dimensionamento pelo método da Capacidade de Condução de Corrente.
- **Determinar o fator de potência:** trata-se do fator de potência médio do circuito.
- **Definir comprimento do circuito em quilômetros:** o comprimento do circuito deverá ser tomado em quilômetros; assim, torna-se necessário a transformação de qualquer outra unidade para quilômetro.
- **Calcular a queda e tensão:** atendendo o valor da queda de tensão máxima no trecho (ΔV%(max)), estabelecido pela NBR 5.410:2004, é calculada a tensão unitária utilizando a fórmula:

$$\Delta v_u = \frac{\Delta V\%(max) \times V_n}{100 \times I_B \times L}$$

Em que:

- ΔV_u = queda de tensão unitária, em V/A×km (V/A km)
- $\Delta V\%(max)$ = queda de tensão máxima no trecho
- V_n = tensão nominal, em V
- I_B = corrente de projeto, em A
- L = comprimento do trecho, em km

Esse processo de cálculo é utilizado para circuitos de distribuição ou circuitos terminais para uma única carga. Para circuitos com cargas distribuídas, é necessário aplicar o processo que efetua o cálculo da queda de tensão trecho a trecho.

Escolher a seção do condutor: com o valor da queda de tensão unitária (ΔV_u), selecionado a partir de uma tabela de condutor fornecida pelo fabricante, seleciona-se a queda de tensão cujo valor seja imediatamente inferior ao calculado, fazendo com que a seção do condutor atenda à limitação estabelecida pela NBR 5.410:2004. A Tabela 5.16 apresenta a queda de tensão unitária obtida no catálogo da Conduspar, fabricante de fios e cabos elétricos.

Tabela 5.16 >> **Queda de tensão em V/A × km**

Seção nominal (mm²)	Cabos de cobre (Cooper cables / Cabos de cobre)																			
	Eletroduto ou eletrocalha de material não-magnético (A)		Eletroduto ou eletrocalha de material magnético (A)		Instalação ao ar livre - Cabos unipolares (c) (d)												Instalação ao ar livre - cabos uni/bi-polares (c)		Instalação ao ar livre - cabos tri/tetra-polares (c)	
	Circuito monofásico		Circuito trifásico		Circuito monofásico ou trifásico		Circuito monofásico						Circuito trifásico						Circuito monofásico		Circuito trifásico	
							S = 100mm		S = 200mm		S = 2d		S = 100mm		S = 20mm		S = d		S = 2d		S = d		S = d	
	FP=0,8 (V/A×km)	FP=0,95 (V/A×km)	FP=0,8 (V/A×km)	FP=0,95 (V/A×km)	FP=0,8 (V/A×km)	FP=0,95 (V/A×km)	FP=0,8 (V/A×km)	FP=0,95 (V/A×km)	FP=0,8 (V/A×km)	FP=0,95 (V/A×km)	FP=0,8 (V/A×km)	FP=0,95 (V/A×km)	FP=0,8 (V/A×km)	FP=0,95 (V/A×km)	FP=0,8 (V/A×km)	FP=0,95 (V/A×km)	FP=0,8 (V/A×km)	FP=0,95 (V/A×km)	FP=0,8 (V/A×km)	FP=0,95 (V/A×km)
1,5	23,3	27,6	20,2	21,9	23	27,4	23,6	27,8	23,7	27,8	23,4	27,6	20,5	24	20,5	24,1	20,2	23,9	20,3	23,9
2,5	14,3	16,9	12,4	14,7	14	16,8	14,6	17,1	14,7	17,1	14,4	17	12,7	14,8	12,7	14,8	12,4	14,7	12,5	14,7
4	8,96	10,6	7,79	9,15	9	10,5	9,25	10,7	9,35	10,7	9,06	10,6	8,02	9,27	8,08	9,30	7,79	9,15	7,86	9,19
6	6,03	7,07	5,25	6,14	5,87	7	6,30	7,18	6,41	7,18	6,11	7,09	5,47	6,25	5,52	6,28	5,25	6,14	5,32	6,17
10	3,53	4,23	3,17	3,67	3,54	4,20	3,88	4,35	3,95	4,36	3,71	4,26	3,38	3,79	3,44	3,81	3,17	3,67	3,24	3,71
16	2,32	2,68	2,03	2,33	2,27	2,70	2,56	2,79	2,64	2,82	2,40	2,72	2,24	2,44	2,29	2,74	2,03	2,33	2,10	2,37
25	1,51	1,71	1,11	1,49	1,50	1,72	1,73	1,83	1,80	1,86	1,59	1,76	1,52	1,60	1,57	1,62	1,32	1,49	1,40	1,53
35	1,12	1,25	0,98	1,09	1,12	1,25	1,33	1,36	1,39	1,39	1,20	1,29	1,17	1,19	1,22	1,22	0,98	1,19	1,06	1,13
50	0,85	0,94	0,76	0,82	0,86	0,95	1,05	1,04	1,12	1,07	0,93	0,97	0,93	0,91	0,98	0,91	0,75	0,82	0,82	0,85
70	0,62	0,67	0,55	0,59	0,64	0,67	0,81	0,76	0,87	0,80	0,70	0,71	0,72	0,67	0,77	0,70	0,55	0,59	0,63	0,62
95	0,48	0,50	0,43	0,41	0,50	0,51	0,65	0,59	0,71	0,62	0,56	0,54	0,58	0,52	0,64	0,55	0,43	0,44	0,50	0,47
120	0,40	0,41	0,36	0,36	0,42	0,42	0,57	0,49	0,63	0,52	0,48	0,44	0,51	0,43	0,56	0,46	0,36	0,36	0,43	0,39
150	0,35	0,34	0,31	0,30	0,37	0,35	0,50	0,42	0,56	0,45	0,42	0,38	0,45	0,37	0,51	0,40	0,31	0,30	0,38	0,34
185	0,30	0,29	0,27	0,25	0,32	0,30	0,44	0,36	0,51	0,39	0,37	0,32	0,40	0,32	0,46	0,35	0,27	0,25	0,34	0,29
240	0,25	0,24	0,23	0,21	0,29	0,25	0,39	0,30	0,45	0,33	0,33	0,27	0,35	0,27	0,51	0,30	0,23	0,21	0,30	0,24
300	0,23	0,20	0,21	0,18	0,27	0,22	0,35	0,26	0,41	0,29	0,30	0,23	0,32	0,23	0,37	0,26	0,20	0,18	0,28	0,21
400	0,21	0,17	0,19	0,15	0,24	0,20	0,32	0,22	0,37	0,26	0,27	0,21	0,29	0,20	0,34	0,23	0,19	0,16	0,25	0,19
500	0,19	0,16	0,17	0,14	0,23	0,19	0,28	0,20	0,34	0,23	0,25	0,18	0,26	0,18	0,32	0,21	0,17	0,14	0,24	0,17

(Cortesia da Conduspar – Cabos Elétricos)

Tipos de condutores

Condutor neutro

O condutor neutro possui a função de equilíbrio e proteção do sistema elétrico, quando considerado o caso de distribuição secundária. A NBR 5.410:2004, nos itens 6.2.6.2 e subsequentes, recomenda que:

- O condutor neutro não pode ser comum a mais de um circuito.
- O condutor neutro de um circuito monofásico deve ter a mesma seção do condutor de fase.
- Quando, em um circuito trifásico com neutro, a taxa de terceira harmônica e seus múltiplos for superior a 15%, a seção do condutor neutro não deve ser inferior a dos condutores de fase, mas pode ser igual a dos condutores de fase se essa taxa não for superior a 33%.
- A seção do condutor neutro de um circuito com duas fases e neutro não deve ser inferior à seção dos condutores de fase, podendo ser igual à dos condutores de fase se a taxa de terceira harmônica e seus múltiplos não for superior a 33%.
- Quando, em um circuito trifásico com neutro ou em um circuito com duas fases e neutro, a taxa de terceira harmônica e seus múltiplos for superior a 33%, pode ser necessário um condutor neutro com seção superior a dos condutores fase.
- Em um circuito trifásico com neutro e cujos condutores de fase tenham uma seção superior a 25 mm², a seção do condutor neutro pode ser inferior a dos condutores de fase, sem ser inferior aos valores indicados na Tabela 5.17, que reproduz informações da NBR 5.410:2004, em função da seção dos condutores de fase, quando as três condições abaixo forem seguidas simultaneamente:

Tabela 5.17 >> **Seção reduzida do condutor neutro**

Seção dos condutores de fase mm²	Seção reduzida do condutor neutro mm²
S ≤ 25	S
35	25
50	25
70	35
95	50
120	70
150	70
185	95
240	120
300	150
400	185

- » o circuito for presumivelmente equilibrado, em serviço normal;
- » as correntes das fases não contiverem uma taxa de terceira harmônica e seus múltiplos superiores a 15%; e
- » o condutor neutro for protegido contra sobrecorrentes.

A Tabela 5.17 só se aplica se os condutores fase e neutro forem feitos do mesmo material: cobre-cobre ou alumínio-alumínio.

>> Condutor de proteção

O condutor de proteção tem a finalidade de conectar a carcaça dos equipamentos ao terminal de aterramento (Tabela 5.18).

Tabela 5.18 >> **Seção do condutor de proteção**

Seção dos condutores de fase S mm^2	Seção mínima do condutor de proteção correspondente mm^2
$S \leq 16$	S
$16 < S \leq 35$	16
$S > 35$	$S/2$

A NBR 5.410:2004 estabelece que a seção do condutor de proteção isolado do mesmo cabo, ou do mesmo recipiente dos condutores fase, não deve ser inferior a:

- 2,5 mm^2 caso possua proteção mecânica;
- 4 mm^2 caso não possua proteção mecânica.

O condutor de proteção poderá ser comum a vários circuitos. Em hipótese alguma será permitido como condutor de proteção, conforme item 6.4.3.2.3, os seguintes elementos metálicos:

- tubulações de água;
- tubulações de gases ou líquidos combustíveis ou inflamáveis;
- elementos de construção sujeitos a esforços mecânicos em serviço normal;
- eletrodutos flexíveis, exceto quando concebidos para esse fim;
- partes metálicas flexíveis;
- armadura do concreto (ver nota abaixo);
- estruturas e elementos metálicos da edificação (ver nota abaixo).

ATENÇÃO: Nenhuma ligação visando equipotencialização ou aterramento, incluindo as conexões às armaduras do concreto, pode ser usada como alternativa aos condutores de proteção dos circuitos.

» Enfiação

A enfiação é a colocação dos condutores em eletrodutos. Para este procedimento é utilizada a guia ou passa fios, apresentada no Capítulo 4 – Ferramentas utilizadas, como meio de melhorar a passagem dos condutores dentro dos eletrodutos (Figura 5.8).

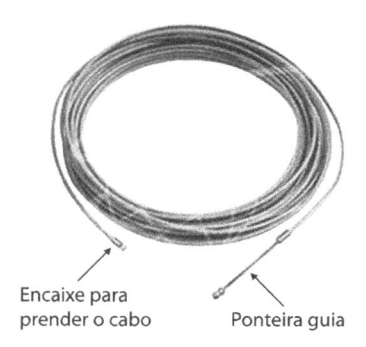

Encaixe para prender o cabo   Ponteira guia

Figura 5.8 » Guia ou passa fios.
Fonte: Autores

A fita de enfiação, guia ou passa fios, tem duas pontas: uma que é a ponteira guia e deve ser inserida no eletroduto, e a outra na qual deve ser preso o condutor após a guia ter sido passada.

Quando o eletroduto possuir muitas curvas ou outros condutores em seu interior, a enfiação torna-se mais difícil, então pode ser utilizado um pouco de vaselina sólida. A vaselina não ataca a isolação do condutor, ao contrário da graxa, do sabão ou qualquer outro produto químico, que não devem ser utilizados, pois podem diminuir o efeito de proteção do condutor.

Contudo, antes de efetuar a enfiação, seja em eletroduto novo ou já contendo condutores, obedeça à taxa de ocupação dos eletrodutos, apresentado no Capítulo 6 – Eletrodutos. Caso existam mais condutores presos à guia, é aconselhável utilizar fita isolante para fazer o acabamento da conexão, evitando pontas vivas.

> Procure sempre trabalhar com um colega na tarefa de enfiação, pois enquanto um puxa a guia na ponta de saída o outro empurra o condutor na ponta de entrada, facilitando o trabalho.

>> EXEMPLO

Como deve ser realizada a tarefa de dimensionar o circuito de um chuveiro elétrico de 5.400 W/220 V, com condutores com isolação de PVC, protegidos por eletroduto de PVC embutido em alvenaria, na temperatura ambiente de 30°C, localizado a uma distância de 20 m do quadro de distribuição?

Solução:

Tipo de isolação: PVC

Potência: 5.400 W

Tensão: 220 V

Método de instalação: B1 (Tabela 5.4)

Temperatura ambiente: 30°C

Distância do quadro: 20 m = 0,020 km

Número de condutores carregados: 2 (Tabela 5.6, duas fases sem neutro)

Fator de correção de temperatura: FCT = 1

Fator de correção de agrupamento: FCA = 1

Material do eletroduto: PVC – não magnético

Tipo de circuito: bifásico (considera-se a coluna monofásico na Tabela 5.16)

Fator de potência: 1,00 (resistivo), considera-se 0,95 na Tabela 5.16.

Pelo método de Capacidade de Condução de Corrente:

Corrente de projeto:

$$I_c = \frac{P}{V} = \frac{5400}{220} = 24,6 \, A$$

Corrente corrigida = corrente de projeto → FCT = FCA = 1

De acordo com as informações da Tabela 5.12: dois condutores carregados, método de instalação B1, corrente calculada 24,6 A, tem-se:

Para a corrente de 24 A → Fio de seção = 2,5 mm²

Como a corrente calculada é de 24,6 A, portanto, superior a 24 A, escolhemos a próxima corrente na tabela.

Portanto, a corrente assumida é de 32 A, que corresponde a um fio de seção igual a 4 mm².

Pelo método de Queda de Tensão:

A corrente de projeto é a mesma: 24,6 A

Pela Figura 5.7, o chuveiro é considerado como circuito terminal, vindo do QD (quadro de distribuição), então tem-se uma queda de 2%.

Assim, a queda de tensão unitária será:

$$\Delta v_u = \frac{\Delta V\%(max) \times V_n}{100 \times I_B \times L} = \frac{2 \times 220}{100 \times 24,6 \times 0,02} = 8,94 \ V.A/km$$

Com este valor, na Tabela 5.16 encontra-se o valor imediatamente inferior ao calculado, portanto, 7,07 V · A/km, que corresponde ao fio de seção igual a 6 mm^2.

Desta forma:

Seção pela Capacidade de Condução de Corrente: 4 mm^2

Seção pela Queda de Tensão: 6 mm^2

O condutor fase a ser utilizado será o de maior seção: 6 mm^2.

>> Atividades

1. Por que para fios e cabos elétricos com seções inferiores a 10 mm^2 se utiliza o cobre como elemento condutor?

2. Qual a diferença entre fio e cabo?

3. O que é e por que ocorre a queda de tensão em um circuito?

4. Como se dimensiona os condutores fase de alimentação de um chuveiro de 7200 W/220 V utilizando os métodos da capacidade de condução de corrente e de queda de tensão?

5. Quais as especificações do circuito?

6. Como é calculado o fator de correção quando os condutores possuem agrupamentos não semelhantes e estão em intervalos de seções não sucessivas?

7. Como é determinada a seção mínima do condutor neutro?

8. Para facilitar a enfiação, é aconselhável passar um pouco de graxa nos condutores. Esta afirmação está correta? Justifique.

9. Após efetuar o dimensionamento de um condutor pelos métodos de condução de corrente e de queda de tensão, encontrou-se duas seções diferentes. Qual deve ser adotada? Por quê?

CAPÍTULO 6

Eletrodutos

Em um sistema elétrico, muitos componentes são essenciais. Entre eles, vamos destacar, neste capítulo, os eletrodutos, que são um importante método de proteção para fiação. Os eletrodutos são os tubos pelos quais passam os fios e os cabos de uma instalação elétrica; seu objetivo é proteger os condutores elétricos de quaisquer influências, sejam elas a corrosão, o superaquecimento ou os curtos-circuitos, e servir como proteção externa contra choques elétricos. Ou seja, podemos dizer que os eletrodutos são os envoltórios que protegem a fiação elétrica de uma residência, de um prédio, uma indústria ou um escritório.

Vamos apresentar neste capítulo os tipos de eletrodutos mais utilizados, suas principais características e a forma correta de dimensionamento.

OBJETIVOS DE APRENDIZAGEM

» Reconhecer a importância da utilização de eletrodutos em sistemas elétricos.
» Identificar as formas de classificação dos eletrodutos, bem como as particularidades de cada uma delas.
» Explicar as fórmulas utilizadas para definir o dimensionamento dos eletrodutos e o modo de aplicá-las.

Classificação

Os eletrodutos são classificados de acordo com o material do qual são feitos, sua espessura, flexibilidade e formas de conexão, que definem a utilização a que se destinam. Assim, temos a seguinte classificação para os eletrodutos:

- Quanto ao material:
  » Não metálicos: PVC, fibrocimento, polipropileno, polietileno de alta densidade, plástico com fibra de vidro. Podem ser rígidos e flexíveis.
  » Metálicos: aço carbono galvanizado ou esmaltado, alumínio e flexíveis de cobre espiralado. Podem ser com ou sem costura longitudinal, com paredes de diâmetro e espessura variada. Possuem suas paredes com acabamento externo e/ou interno, podendo ser fosfatizado, galvanizado, pintado, revestido, polido ou trefilado.
- Quanto à flexibilidade:
  » Rígidos metálicos: são utilizados, com maior frequência, em instalações externas.
  » Rígidos não metálicos: utilizados em ambientes que sofrem ação de ácidos e materiais corrosivos.
  » Flexíveis: utilizados em instalações embutidas ou instalações em ambientes ácidos e corrosivos, ou até mesmo em instalações externas sujeitas a forças mecânicas. Entre eles temos os de PVC (ácido e corrosão) e de cinta de aço galvanizada (esforço mecânico).

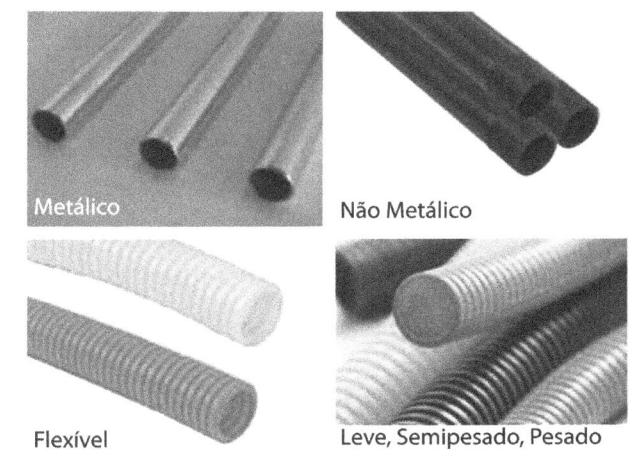

Metálico · Não Metálico · Flexível · Leve, Semipesado, Pesado

Figura 6.1 >> Classificação de eletrodutos.
Fonte: Autores

- Quanto à forma de conexão:
  » Roscáveis: possuem rosca em sua ponta, permitindo que seja roscável em luvas de conexão.
  » Soldáveis: em sua extremidade possui uma bolsa que permite ser colado em outra ponta.
- Quanto à espessura da parede e a cor correspondente do eletroduto:
  » Leve: amarelo
  » Semipesado: cinza
  » Pesado: preto
  » Reforçado: azul e laranja

Figura 6.2 >> Eletroduto roscável e soldável.
Fonte: Autores

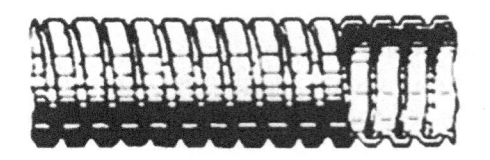

Figura 6.3 >> Cinta de aço galvanizada.
Fonte: Autores

>> Dimensionamento

O dimensionamento permite que os eletrodutos possuam dimensões que possibilitem que os condutores sejam instalados e removidos com facilidade. Contudo, é necessário obedecer a algumas recomendações da NBR 15.465 (ASSOCIAÇÃO BRASILEIRA DE NORMAS TÉCNICAS, 2008b):

- É vedado o uso, como eletroduto, de produtos que não sejam expressamente apresentados e comercializados como tal.
- Os eletrodutos só serão aceitos em instalações embutidas se suportarem os esforços de deformação característicos da técnica construtiva utilizada.
- Os eletrodutos utilizados em uma instalação devem suportar as solicitações mecânicas, químicas, térmicas e elétricas a que forem submetidos.
- Nos eletrodutos devem ser instalados condutores isolados, cabos unipolares ou multipolares. Só é admitida a utilização de condutor nu em eletroduto isolante quando se tratar de condutor de aterramento.

- Os condutores dos cabos multipolares devem pertencer a um mesmo e único circuito.
- Em condutos fechados, será permitido que os condutores pertençam a mais de um circuito nos casos em que:
  » os circuitos tiverem um mesmo dispositivo geral de proteção e manobra;
  » as seções nominais dos condutores fase estiverem dentro de um intervalo de três seções normalizadas sucessivas, por exemplo: 1,5 mm², 2,5 mm² e 4 mm²;
  » todos os condutores tiverem a mesma temperatura máxima para serviço contínuo;
  » todos os condutores tiverem tensão de isolação maior que a tensão nominal presente mais alta.
- Com o objetivo de permitir a instalação e retirada de condutores com facilidade e facilitar a dissipação de calor, os eletrodutos devem respeitar as seguintes taxas de ocupação, para medidas internas (Figura 6.4):
  » 53% no caso de um condutor ou cabo;
  » 31% no caso de dois condutores ou cabos;
  » 40% no caso de três ou mais condutores e cabos.

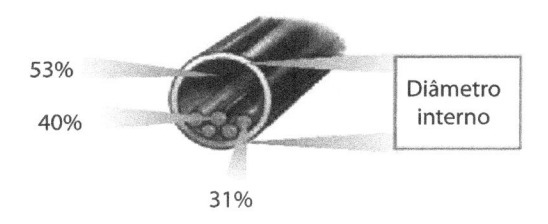

Figura 6.4 >> Taxa de ocupação dos eletrodutos.
Fonte: Autores

- Não possuir trechos contínuos de tubulação superiores a 15 m para áreas internas e 30 m para áreas externas, sem a interposição de caixas de passagem.
- Caso contenha curvas, o trecho acima (15 e 30 m) deve ser reduzido em 3 m para cada curva de 90°.
- Em cada trecho de tubulação entre duas caixas, entre extremidades ou entre extremidade e caixa, podem existir, no máximo, três curvas de 90° ou um equivalente de no máximo 270°.
- Não será permitida curva com deflexão superior a 90°. Caso seja necessário, deve ser intercalada uma caixa de passagem.
- As curvas, quando originadas do dobramento do eletroduto, sem o uso de acessório específico, não devem resultar em redução das dimensões internas do eletroduto.

Ao dimensionar um eletroduto, é preciso considerar algumas medidas fornecidas pelos fabricantes:

- **De:** Diâmetro externo
- **Di:** Diâmetro interno
- **e:** Espessura
- **DN:** Diâmetro nominal
- **L:** Comprimento

Considere sempre as medidas de diâmetro externo e interno, espessura, diâmetro nominal e comprimento fornecidas pelo fabricante.

Dimensões (mm)				
DN	16	20	25	32
De	16	20	25	32
Di	11,7	15,4	19,0	25,0
e	2,1	2,3	3,0	3,5
L (m)	50	50	50	25

Figura 6.5 >> Medidas do eletroduto corrugado.
Fonte: Tigre (c2016).

Com base na taxa de ocupação, a forma de calcular a quantidade máxima de condutores consiste em comparar a área interna de um eletroduto com a área total de condutores.

A área útil de um eletroduto (A_u) é dada pela fórmula:

$$A_u = \frac{\pi}{4}(d_e - 2e)^2$$

Em que:

- A_u = Área útil do eletroduto
- d_e = Diâmetro externo do eletroduto
- e = Espessura do eletroduto
- $d_i = (d_e - 2e)^2$ = diâmetro interno do eletroduto

A área total do cabo isolado (A_c) é dada pela fórmula:

$$A_c = \frac{\pi}{4} d_c^2$$

Em que:

- A_c = Área do cabo
- d_c = Diâmetro do cabo

O número máximo (N) de cabos isolados, de mesma seção, que pode ser instalado em um eletroduto, é dado pela fórmula:

$$N = \frac{t_{oc}}{A_c} A_u$$

Em que:

- N = Número máximo de cabos
- t_{oc} = taxa de ocupação (0,31 ou 0,4 ou 0,53)
- A_c = Área do cabo
- A_u = Área útil do eletroduto

> Para o correto dimensionamento de um eletroduto, é fundamental se obter as tabelas de medidas e características do condutor, fornecidas pelo fabricante.

>> EXEMPLO

Uma rede de eletrodutos de PVC flexível leve Tigreflex (com 9 m) possui uma curva e os circuitos mostrados na Figura 6.6. Os condutores da instalação são do tipo cabo Superastic 450/750 V - BWF da Prysmian. Como dimensionamos o eletroduto desse trecho?

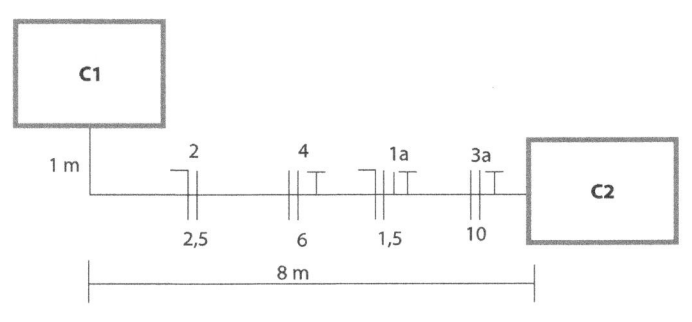

Considere:

Cabo 2,5 mm²: De_1 = 3,7 mm²
Cabo 6 mm²: De_2 = 4,8 mm²
Cabo 1,5 mm²: De_3 = 3,0 mm²
Cabo 10 mm²: De_4 = 5,9 mm²

Considere:

DN	16	20	25	32
De	16	20	25	32
Di	11,7	15,4	19,0	25,0
e	2,1	2,3	3,0	3,5

Figura 6.6 >> Rede de eletrodutos flexível.

Fonte: as informações sobre os cabos e os eletrodutos foram retiradas dos catálogos dos fabricantes.

Solução:

Os circuitos serão resolvidos separadamente.

Trecho 1: 4 cabos de 1,5 mm²

Da tabela de cabos da Prysmian:

De = 3,0 mm²

Área do cabo:

$$A_c = \frac{\pi}{4} d_c^2 = \frac{\pi}{4} 3^2 = 7 \; mm^2$$

Trecho 2: 2 cabos de 2,5 mm²

Da tabela de cabos da Prysmian:

De = 3,7 mm²

Área do cabo:

$$A_c = \frac{\pi}{4} d_c^2 = \frac{\pi}{4} 3{,}7^2 = 10{,}75 \; mm^2$$

Trecho 3: 3 cabos de 10 mm²

Da tabela de cabos da Prysmian:

De = 5,9 mm²

Área do cabo:

$$A_c = \frac{\pi}{4} d_c^2 = \frac{\pi}{4} 5{,}9^2 = 25{,}34 \; mm^2$$

Trecho 4: 3 cabos de 6 mm²

Da tabela de cabos da Prysmian:

De = 4,8 mm²

Área do cabo:

$$A_c = \frac{\pi}{4} d_c^2 = \frac{\pi}{4} 4{,}8^2 = 18{,}1 \; mm^2$$

Trechos 1,2,3 e 4: área total ocupada pelos cabos:

A área total é igual a soma das áreas de cada trecho

$$A_T = 4 \times 7 + 2 \times 10{,}75 + 3 \times 25{,}34 + 3 \times 18{,}1 = 179{,}82 \; mm^2$$

Escolha do eletroduto:

Como são mais de três cabos, a taxa de ocupação deve ser de 40%, assim $t_{oc} = 0{,}4$

Considerando um eletroduto de diâmetro nominal = 25 mm², com diâmetro interno = 19 mm², tem-se a área interna do eletroduto:

$$A_u = \frac{\pi}{4} d_i^2 = \frac{\pi}{4} 19^2 = 283{,}53\ mm^2$$

E a área útil do eletroduto é:

$$A_{ue} = A_u \frac{t_{oc}}{100} = 283{,}53 \frac{40}{100} = 113{,}4\ mm^2$$

Como a área útil do eletroduto é menor que área total ocupada pelos cabos, será necessário escolher um eletroduto de diâmetro nominal maior.

Assim, considerando um eletroduto de diâmetro nominal = 32 mm², tem-se:

Diâmetro nominal 32 mm² → diâmetro interno = 25 mm², então:

$$A_u = \frac{\pi}{4} d_i^2 = \frac{\pi}{4} 25^2 = 490{,}87\ mm^2$$

A nova área útil do eletroduto será:

$$A_{ue} = A_u \frac{t_{oc}}{100} = 490{,}87 \frac{40}{100} = 196{,}35\ mm^2$$

Portanto, a área útil do eletroduto é maior que área total ocupada pelos cabos, e o eletroduto a ser utilizado deverá ter diâmetro nominal de 32 mm². O trecho possui uma curva de 90°, porém seu comprimento total é de 9 m, não necessitando da colocação de caixa intermediária.

Alguns fabricantes de eletrodutos utilizam as medidas em polegadas no lugar de mm². A NBR 5.444 (ASSOCIAÇÃO BRASILEIRA DE NORMAS TÉCNICAS, 1989), extinta em 2014, estabelecia uma tabela que relacionava as medidas em polegada com mm². Apesar da referida norma ter sido extinta, reproduzimos as informações na Tabela 6.1.

Tabela 6.1 >> **Relação entre polegadas e mm²**

Polegadas	Milímetros
½	15
¾	20
1	25
1 ¼	32
1 ½	40
2	50
2 ½	60
3	75
4	100

Fonte: Associação Brasileira de Normas Técnicas (1989)

>> Atividades

1. Em relação ao material, como são classificados os eletrodutos?
2. Por que os eletrodutos devem obedecer às taxas de ocupações?
3. Em relação à cor, como são classificados os eletrodutos?
4. Observe o trecho de uma rede de eletrodutos de PVC Flexível leve Tigreflex (com 12 m), que possui duas curvas e os circuitos mostrados na figura a seguir. Os condutores da instalação são do tipo cabo Noflan BWF da Ficap. Dimensione o eletroduto do trecho.

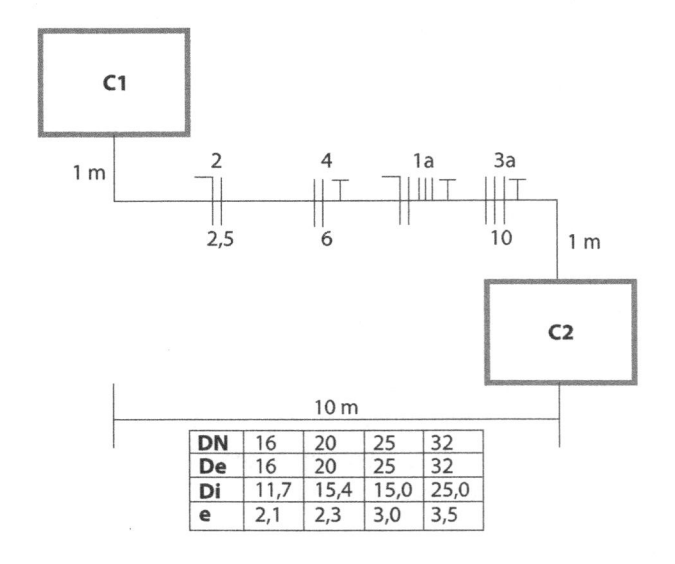

DN	16	20	25	32
De	16	20	25	32
Di	11,7	15,4	15,0	25,0
e	2,1	2,3	3,0	3,5

Considere:

Cabo 2,5 mm²: $De^1 = 3,7$ mm²

Cabo 6 mm²: $De^2 = 4,8$ mm²

Cabo 1,5 mm²: $De^3 = 3,0$ mm²

Cabo 10 mm²: $De^4 = 5,9$ mm²

CAPÍTULO 7

Dispositivos de proteção e seccionamento

Você sabe o que fazer ou que medidas adotar no caso de algum problema inesperado em um circuito elétrico? O bom profissional deve conhecer e saber utilizar os dispositivos de proteção e seccionamento a fim de garantir que o seu serviço ofereça a segurança e a proteção adequadas ao contratante.

OBJETIVOS DE APRENDIZAGEM

» Definir a necessidade dos dispositivos de proteção e seccionamento nos circuitos elétricos.
» Explicar o funcionamento dos fusíveis e seus diferentes tipos.
» Definir disjuntores, suas classes e usos mais adequados para os diferentes tipos de circuitos elétricos.

Dispositivos de proteção e seccionamento (ou manobra) são componentes inseridos no circuito elétrico com o objetivo de interromper a circulação da corrente em caso de alguma anomalia. Assim, no caso de uma sobrecarga ou curto-circuito, o circuito deve ser interrompido automaticamente, evitando problemas maiores. O seccionamento, ou manobra, também deve ser utilizado para interromper o circuito elétrico para manutenção.

Neste capítulo apresentaremos alguns dispositivos de proteção e seccionamento utilizados em instalações elétricas prediais e comerciais.

>> Fusíveis

Fusíveis são dispositivos de proteção de baixo custo, se comparados aos demais dispositivos. Eles são encontrados em instalações residenciais, em equipamentos eletrônicos, em automóveis, em máquinas, etc. (Figura 7.1). São muito utilizados quando há necessidade de proteção contra sobrecargas e curtos-circuitos.

Cartucho   Eletrônico   Automotivo

Silized   NH   Diazed e Neozed

Figura 7.1 >> Tipos de fusíveis.
Fonte: Autores

A atuação do fusível consiste na fusão do elo fusível por efeito Joule, isto é, pela elevação da temperatura do elemento do qual o elo fusível é feito. O elo fusível é feito de um material com propriedades que se fundem quando uma determinada temperatura é alcançada pela passagem de corrente elétrica. Uma desvantagem, porém, é que uma vez fundido seu elo, terá que ser descartado e substituído por outro.

O tipo de fusível a ser utilizado depende da proteção e corrente a serem dadas ao circuito. Existem vários tipos de fusíveis, com diversos valores, conforme a corrente que devem suportar antes de ocorrer o rompimento de seu elo.

Rolha e Cartucho

Rolha e cartucho são tipos de fusíveis outrora muito utilizados em residências e gradualmente substituídos pelos disjuntores, que serão apresentados mais adiante. Possuem um corpo cerâmico que aloja um elemento de chumbo, o elo fusível, que se funde quando ocorre um curto-circuito (Figura 7.2).

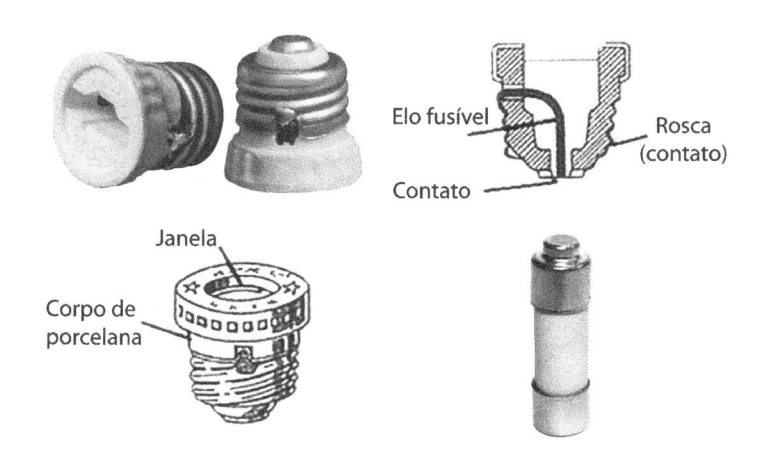

Figura 7.2 >> Fusível rolha e cartucho.
Fonte: Comandos Lógico (c2016) e Proesi (c2016).

Diazed

O diazed é um tipo de fusível tipo rolha, composto de base, parafuso de ajuste, fusível, anel de proteção, tampa e chave de ajuste (Figura 7.3).

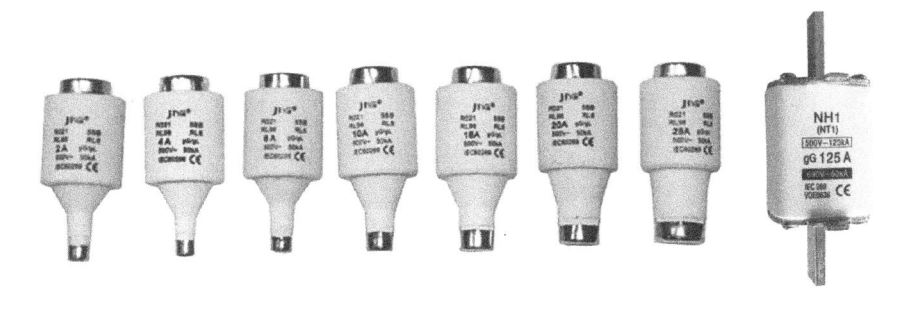

Figura 7.3 >> Fusíveis diazed.
Fonte: JNG (2016).

Dentro do corpo do fusível está alojado o elo fusível, que é preenchido com areia à base de quartzo com o objetivo de extinguir o arco voltaico, que pode surgir no momento da fusão do elo.

Este tipo de fusível é mais utilizado na indústria para a proteção de condutores da rede e de circuitos de comando.

O fusível diazed é composto pelo contato superior, elo fusível, corpo cerâmico, areia de quartzo e contato inferior. Basicamente, a estrutura do fusível diazed é composta por uma base, um anel, o fusível, a tampa e (opcionalmente) uma capa de proteção (Figura 7.4).

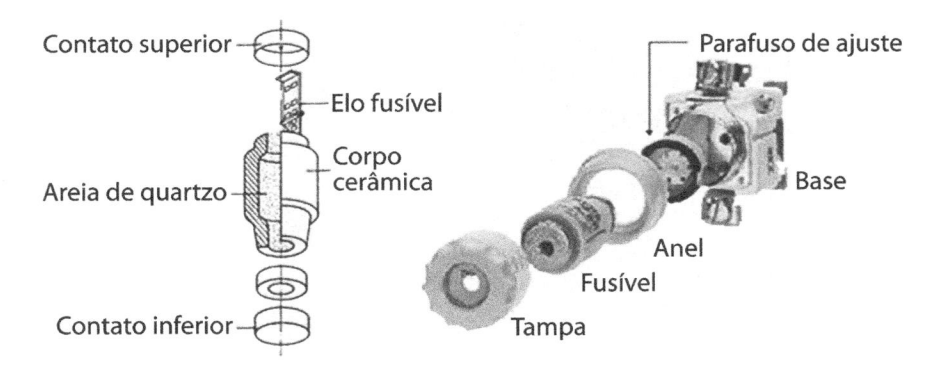

Figura 7.4 >> **Partes do fusível diazed.**
Fonte: Autores

>> NH

O fusível NH é muito utilizado para proteção de circuitos sujeitos a sobrecarga de curta duração, como em partida de motores (Figura 7.5).

Figura 7.5 >> **Fusível NH.**
Fonte: Eletroluz (c2016).

Disjuntores

O disjuntor é um dispositivo eletromecânico que atua como um interruptor automático, cortando o fluxo de corrente elétrica em caso de sobrecarga ou curto-circuito, evitando danos à instalação elétrica. O disjuntor é capaz de detectar picos de corrente elétrica superiores aos que o circuito pode suportar e interromper a corrente por meio de efeito térmico e mecânico.

Diferentemente do fusível, que uma vez fundido, terá que ser descartado e substituído por outro, o disjuntor pode ser rearmado.

Existem vários tipos de disjuntores, cada um com uma finalidade específica. Seus usos vão de uma residência a uma cidade inteira, como é o caso de dispositivos de proteção para alta tensão.

O disjuntor tem as seguintes funções básicas:

- **Dispositivo de manobra**: possibilita a abertura e o fechamento de circuitos no momento em que for necessário efetuar a manutenção na instalação.
- **Proteção de equipamentos**: proteção contra sobrecargas, por meio do disparo do dispositivo térmico.
- **Proteção dos condutores**: proteção dos condutores em caso de curto-circuito, pelo disparo do dispositivo magnético.

Disjuntor termomagnético (DTM)

O disjuntor termomagnético (DTM) é um dispositivo eletromecânico destinado à proteção contra correntes de sobrecarga ou correntes de curto-circuito. Pode ser utilizado em substituição aos fusíveis, principalmente os de uso residencial.

No mercado são encontrados disjuntores monofásicos, bifásicos e trifásicos, com valores que podem variar entre os fabricantes. Algumas marcas fabricam disjuntores de 30 A e outras, de 32 A.

O DTM é composto, basicamente, por um sistema de disparo pelo calor e outro pelo efeito magnético (Figura 7.6).

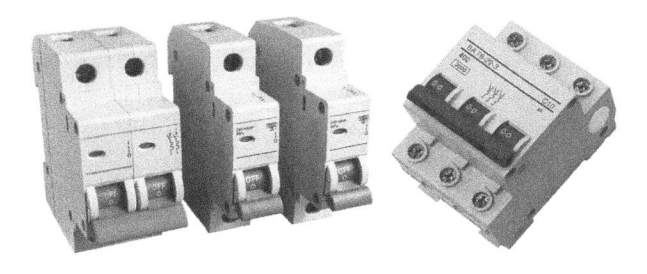

Figura 7.6 >> Disjuntor termomagnético.
Fonte: Enerbras (2015).

O disparador por calor é composto por duas lâminas de material metálico com diferente coeficiente de dilatação térmica. O disparador magnético age em caso de sobrecarga e curto-circuito. Quanto a seu funcionamento, note que a corrente circula através dos terminais T1 e T2, entrando em T1 e saindo por T2 (Figura 7.7).

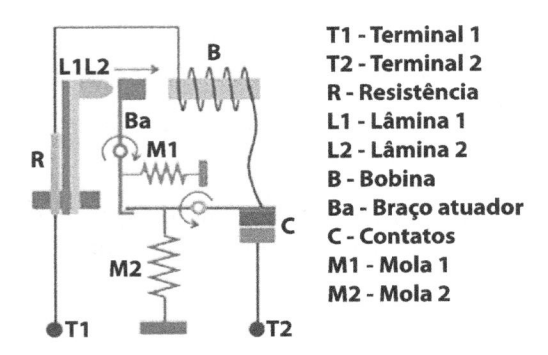

T1 - Terminal 1
T2 - Terminal 2
R - Resistência
L1 - Lâmina 1
L2 - Lâmina 2
B - Bobina
Ba - Braço atuador
C - Contatos
M1 - Mola 1
M2 - Mola 2

Figura 7.7 >> Componentes do disjuntor termomagnético.
Fonte: Enerbras (2015).

>> Disparo térmico

A corrente passa pela resistência (R), pela bobina (B) e pelos contatos (C). A mola M2 tem a função de abrir o par de contatos, porém tem sua ação travada pela mola M1, que segura o braço atuador (Ba). No momento em que ocorre uma sobrecarga, a resistência (R) aquece o par de lâminas bimetálicas (L1 e L2), que, por possuírem dilatação térmica diferente, se afastam fazendo com que L2 acione o braço atuador (Ba). Nesse momento a mola M2 é acionada, abrindo o par de contatos. Só será possível restabelecer o fechamento do circuito após o resfriamento das lâminas bimetálicas (L1 e L2).

>> Disparo magnético

A bobina (B) atua como um eletroímã. Ela foi projetada para atuar dessa forma somente em caso de corrente muito alta. Quando a corrente que passa pela bobina (B) assume valores superiores ao dimensionado para o disjuntor, a bobina (B) atrai o braço atuador (Ba), ultrapassando a força da mola M1 e liberando a ação da mola M2, que irá separar os contatos (C), interrompendo o circuito. Nesse caso, como não houve ação térmica, o disjuntor poderá ser rearmado em seguida, caso o problema que causou seu desarme não persista.

O disjuntor possui alguns componentes que auxiliam no seu funcionamento (Figura 7.8).

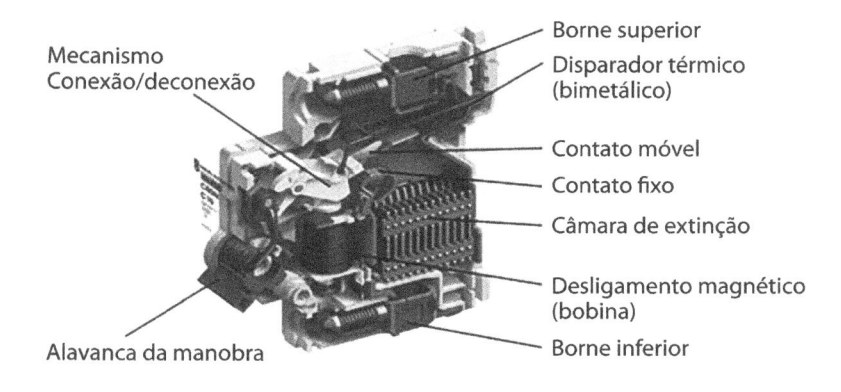

Figura 7.8 >> Componentes do disjuntor.
Fonte: Enerbras (2015).

A câmara de extinção tem a função de minimizar o arco voltaico existente no momento do desarme e rearme do disjuntor.

>> Classes de disjuntores

Em relação ao tipo de carga a ser protegida, os disjuntores podem ser classificados em:

- **Classe B**: devem atuar instantaneamente, para correntes de curto-circuito entre três e cinco vezes a corrente nominal. São indicados para cargas resistivas: aquecedores elétricos, fornos elétricos, lâmpadas incandescentes, entre outras.

- **Classe C**: possuem um retardo em seu acionamento, por isso são utilizados em cargas predominantemente indutivas e de média corrente de partida, como geladeiras, ar condicionado, micro-ondas, máquinas de lavar, etc. A corrente de curto-circuito deve ficar entre cinco a 10 vezes a corrente nominal. Caso haja um sobreaquecimento, sua lâmina bimetálica é acionada entre dois a três segundos.

- **Classe D**: devem responder imediatamente para correntes entre 10 e 20 vezes a corrente nominal. São indicados para cargas indutivas com grandes correntes de partida, como grandes motores de indução com partidas compensadoras.

Disjuntor diferencial residual e interruptor diferencial residual

O disjuntor diferencial residual (DDR) é um dispositivo com a função principal de proteger pessoas e animais contra choques elétricos, e os condutores em caso de sobrecarga e contra curtos-circuitos.

O interruptor diferencial residual (IDR) é um dispositivo que interrompe e restabelece, manualmente, o circuito elétrico, com a função de proteger pessoas e animais contra choques elétricos (Figura 7.9).

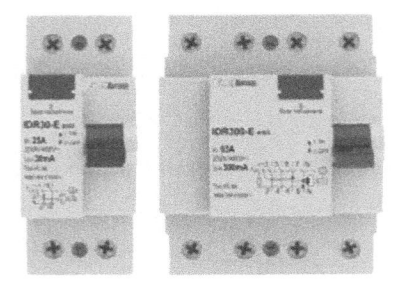

Figura 7.9 >> Interruptor diferencial residual.
Fonte: Enerbras (2015).

O IDR é de uso obrigatório conforme a NBR 5.410 (ASSOCIAÇÃO BRASILEIRA DE NORMAS TÉCNICAS, 2004a), para a proteção de circuitos elétricos de ambientes frios e úmidos, como chuveiros, torneiras, aquecedores e banheiras elétricas, assim como em circuitos de tomadas de áreas externas. Também devem ser protegidos com IDR os circuitos situados em cozinhas, lavanderias, áreas de serviço, garagens e outras dependências molhadas ou que sofram ação frequente de água.

O IDR fornece proteção contra choques, danos aos equipamentos e contra incêndio, porém não possui ação termomagnética ao circuito. Assim, a indicação de sua corrente nominal indica a corrente suportada por seus componentes internos.

A especificação de um dispositivo residual deve considerar sua sensibilidade, ou seja, a corrente diferencial residual nominal que irá provocar sua atuação.

Ao especificar um dispositivo diferencial residual de proteção, são necessários alguns itens básicos:

- **Corrente de sensibilidade**: corrente de disparo do disjuntor para proteção de pessoas (30 mA), equipamentos (10 a 300 mA) ou contra incêndios (500 mA).
- **Corrente nominal**: corrente interna que será suportada pelos componentes internos do dispositivo.

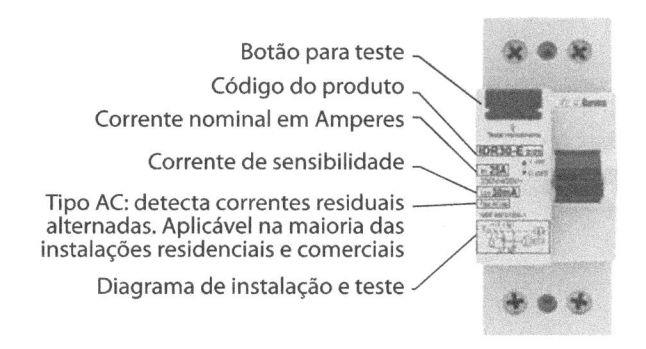

A Figura 7.10 apresenta as especificações para um IDR da Enerbras.

Botão para teste
Código do produto
Corrente nominal em Amperes
Corrente de sensibilidade
Tipo AC: detecta correntes residuais alternadas. Aplicável na maioria das instalações residenciais e comerciais
Diagrama de instalação e teste

Figura 7.10 >> Características técnicas do IDR.
Fonte: Enerbras (2015).

O IDR deve estar instalado em série, com os disjuntores de proteção em um quadro de distribuição. Geralmente, ele é colocado depois do disjuntor principal e antes dos disjuntores de distribuição, pois em caso de sobrecarga, o disjuntor de proteção deverá ser acionado antes. Todos os fios do circuito, com exceção do fio terra, deverão passar pelo IDR, e o neutro não poderá ser aterrado após passar pelo IDR. O neutro a ser utilizado nos circuitos protegidos deverá ser o que passar pelo IDR, caso contrário o IDR irá desarmar.

>> Dimensionamento de disjuntores

Segundo a NBR 5.410:2004, com o objetivo de efetuar a proteção dos condutores contra sobrecarga, os disjuntores devem possuir as seguintes características de atuação:

$$I_B \leq I_N \leq I_Z$$

$$I_2 \leq 1,45\, I_Z$$

Em que:

- I_B = corrente de projeto do circuito;
- I_N = corrente nominal do disjuntor;
- I_Z = capacidade de condução de corrente dos condutores;
- I_2 = corrente convencional de atuação do disjuntor.

A condição apresentada na segunda equação, $I_2 \leq 1,45\, I_z$, é aplicável quando for possível assumir que a temperatura limite de sobrecarga dos condutores não venha a ser mantida por um tempo superior a 100 horas durante 12 meses consecutivos, ou por 500 horas ao longo da vida útil do condutor. Quando isso não ocorrer, a condição da segunda equação deve ser substituída por: $I_2 \leq I_z$.

>> EXEMPLO

Considere um circuito monofásico com corrente de projeto $I_B = 24,8$ A, com um condutor fase selecionado de seção 4 mm² com capacidade de condução de corrente $I_Z = 32$ A. Como determinamos o dispositivo de proteção?

Solução:

Analisando a condição de coordenação de disjuntores, conclui-se que o disjuntor mais adequado deve ter corrente nominal, dentro de um valor comercial válido, tal que:

$$24,8 \leq I_N \leq 32$$

Analisando as tabelas de fabricantes de disjuntores da Enerbras (2015), encontra-se um disjuntor de 25 A, que é um valor que satisfaz a condição acima.

>> Atividades

1. O que são dispositivos de proteção?
2. Como funciona um fusível?
3. Por que os fusíveis são substituídos por disjuntores em residências?
4. Explique o funcionamento térmico de um disjuntor.
5. Explique o funcionamento magnético de um disjuntor.
6. Quando se deve utilizar o disjuntor eletromagnético e o disjuntor diferencial residual?
7. Qual é a forma correta de instalação de um IDR?

CAPÍTULO 8

Componentes da instalação

Uma instalação elétrica é composta de diversos materiais e componentes, que garantem a circulação dos elétrons e a produção dos efeitos desejados (luz, calor, etc.). O correto dimensionamento dos equipamentos é primordial para o perfeito desempenho de todo o conjunto. Neste capítulo vamos tratar de elementos que permitirão ao eletricista tomar uma decisão acertada de materiais e equipamentos. Nosso foco está em características que podem interferir no funcionamento, respeitando as normas. Assim, vamos falar de tensão, corrente, potência e frequência nominal e, quando necessário, de características mecânicas e/ou elétricas fundamentais.

OBJETIVOS DE APRENDIZAGEM

» Descrever o funcionamento dos principais componentes utilizados em instalações elétricas.
» Demonstrar, por meio de figuras, a forma de apresentação de cada um dos componentes de instalações elétricas.
» Explicar as formas de utilização e instalação dos componentes de instalações elétricas.

Uma instalação elétrica é composta por diversos materiais e componentes, responsáveis pela circulação dos elétrons e pela produção dos efeitos desejados (luz, calor, etc.). O correto dimensionamento desses materiais e equipamentos é primordial para o perfeito desempenho de todo o conjunto.

Neste capítulo serão fornecidos elementos para que o eletricista consiga tomar a melhor decisão na escolha dos materiais e equipamentos. Não trataremos de marcas e modelos, mas de características que podem influenciar no perfeito funcionamento, respeitando as normas. Assim, apresentaremos informações relativas à tensão, corrente, potência e frequência nominal e, quando necessário, a características mecânicas e/ou elétricas fundamentais.

>> Interruptor

O interruptor é o equipamento responsável por estabelecer e interromper o fluxo de elétrons (corrente elétrica) em um circuito elétrico. É muito utilizado em situações que exigem a abertura ou o fechamento de redes que demandam o corte ou o fornecimento de energia elétrica em algum tipo de circuito elétrico. Existem no mercado inúmeros tipos de interruptores. Vamos nos deter naqueles que são utilizados em instalações elétricas prediais e residenciais.

Ao escolher um interruptor, devemos considerar alguns fatores importantes, como:

- **Tipo de atuador**: tecla, alavanca, gatilho, toque, *push button*, etc. (Figura 8.1).
- **Funções desempenhadas**: ligar/desligar, pulsar, inverter, etc.
- **Tipo de acionamento**: simples, duplo, paralelo, intermediário, etc. (Figura 8.2).
- **Quantidade de polos**: um, dois, três, etc.
- **Corrente e tensão nominal de acionamento:** 10 A/250 V.

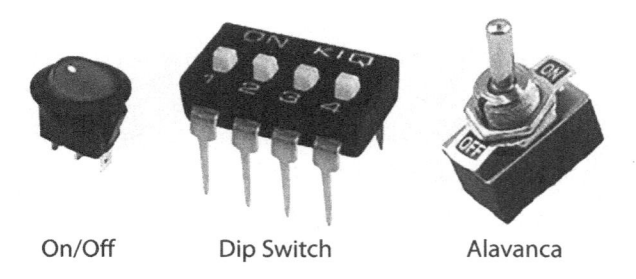

On/Off Dip Switch Alavanca

Figura 8.1 >> Tipos de atuadores.
Fonte: Autores

Uma tecla   Duas teclas   Três teclas

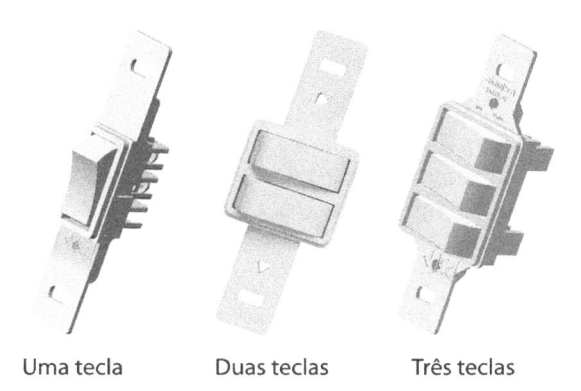

Figura 8.2 >> Tipos de acionamento.
Fonte: Terra Norte (2013).

Os terminais dos interruptores devem ter durabilidade suficiente para resistir ao arco elétrico que se estabelece no momento em que o botão interruptor for acionado. Por isso, normalmente eles são fabricados em cobre e prata. Os interruptores podem ser simples, duplos, paralelo, intermediário, entre outros. Vamos destacar aqui os interruptores paralelo e intermediário, por possuírem utilização bem determinada nas instalações elétricas, como veremos a seguir.

>> Interruptor paralelo

O interruptor paralelo é utilizado para acender ou apagar uma lâmpada ou um conjunto de lâmpadas em dois pontos diferentes. O interruptor paralelo também é conhecido como *three-way*, por apresentar três terminais para as conexões dos fios de ligação (Figura 8.3).

Figura 8.3 >> Vista traseira do interruptor paralelo.
Fonte: Autores

Os dois terminais das extremidades são considerados retornos e devem ser conectados nas extremidades dos interruptores. O interruptor paralelo pode ser utilizado como interruptor simples, usando apenas dois dos seus terminais, sendo o do meio e outro de uma das extremidades.

O funcionamento da ligação paralela (Figura 8.4) é bem simples: quando os dois interruptores estiverem em posições opostas (Figura 8.5 A e C), a lâmpada estará apagada; quando os dois interruptores estiverem em posições iguais (Figura 8.5 B e D), a lâmpada estará acesa. Na ligação em rede bifásica (220 V), deve-se utilizar um interruptor duplo paralelo para que sejam interrompidas as duas fases (Figura 8.6).

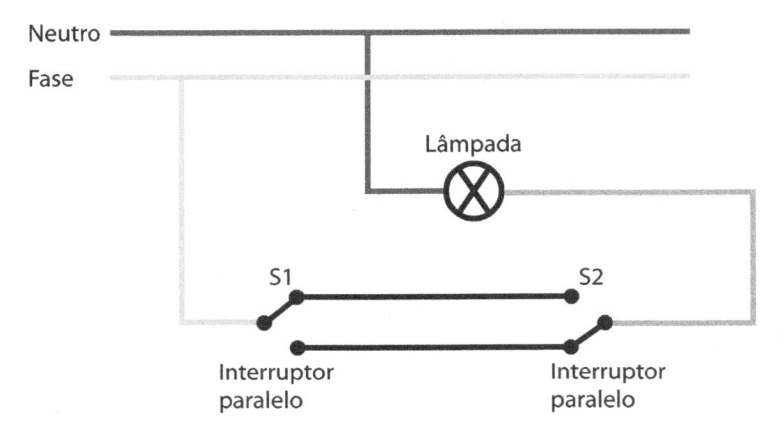

Figura 8.4 >> Ligação paralela em 127 V.
Fonte: Autores

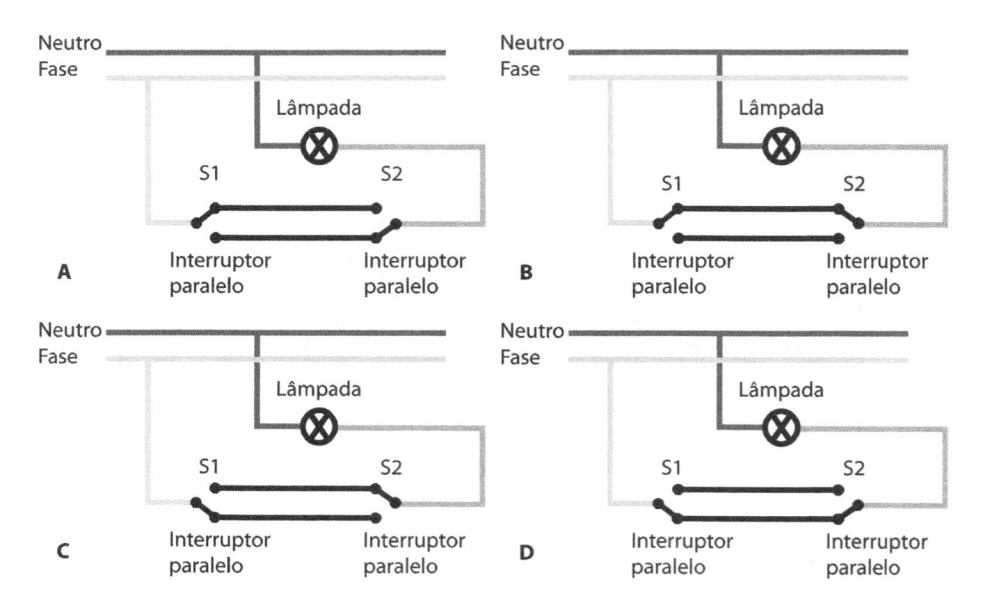

Figura 8.5 >> Funcionamento da ligação paralela.
Fonte: Autores

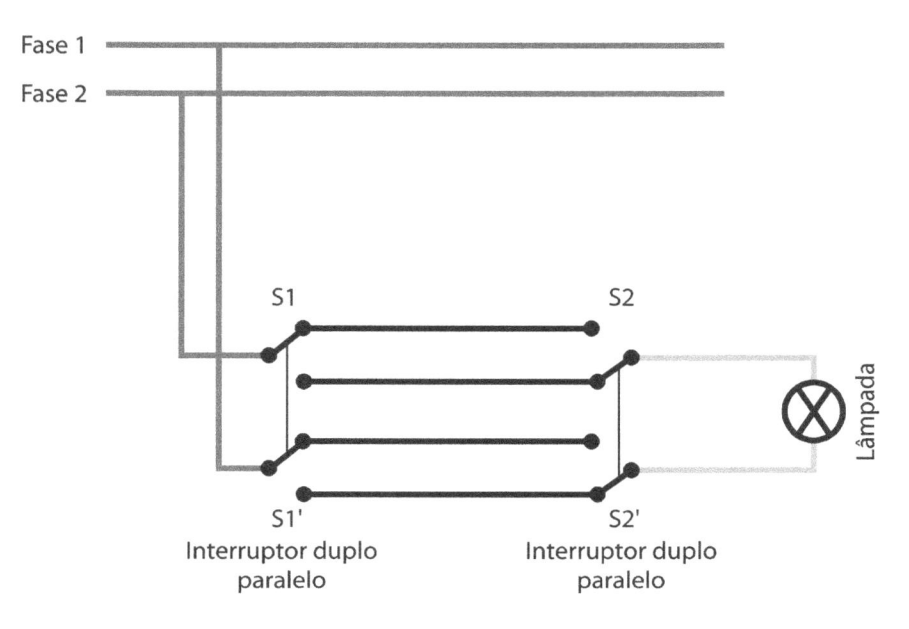

Figura 8.6 >> Ligação paralela em 220 V.
Fonte: Autores

Seu funcionamento é idêntico ao do circuito monofásico, diferenciando apenas por possuir duas fases, comandadas por dois interruptores duplo paralelo.

>> Interruptor intermediário

O interruptor intermediário é utilizado para acender ou apagar uma lâmpada ou um conjunto de lâmpadas em mais de dois pontos diferentes. Ele também é denominado interruptor *four way*, pois possui quatro terminais comandados por uma tecla dupla (Figura 8.7).

Figura 8.7 >> Interruptor intermediário: vista frontal e vista traseira.
Fonte: Autores

O esquema de ligação do interruptor intermediário é bastante simples, bastando intercalá-lo entre dois ou mais interruptores paralelos (Figura 8.8). É possível instalar diversos deles, tantos quantos forem necessários, desde que observada a condição de serem conectados entre os interruptores paralelos (Figura 8.9).

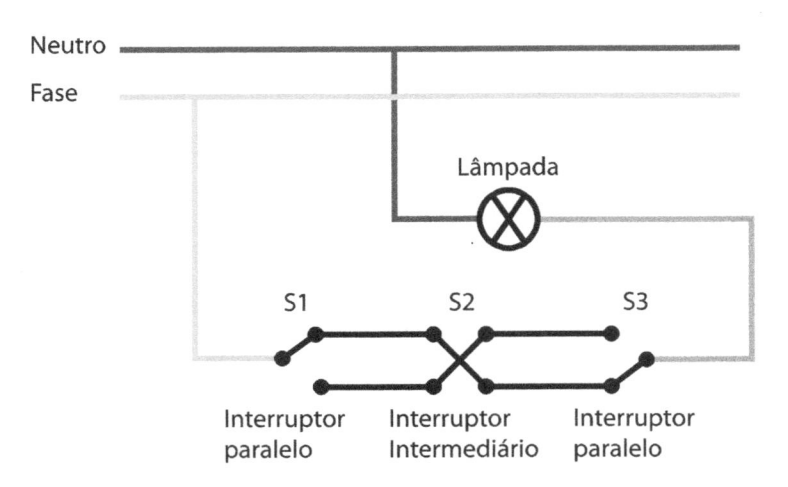

Figura 8.8 >> Ligação do interruptor intermediário.
Fonte: Autores

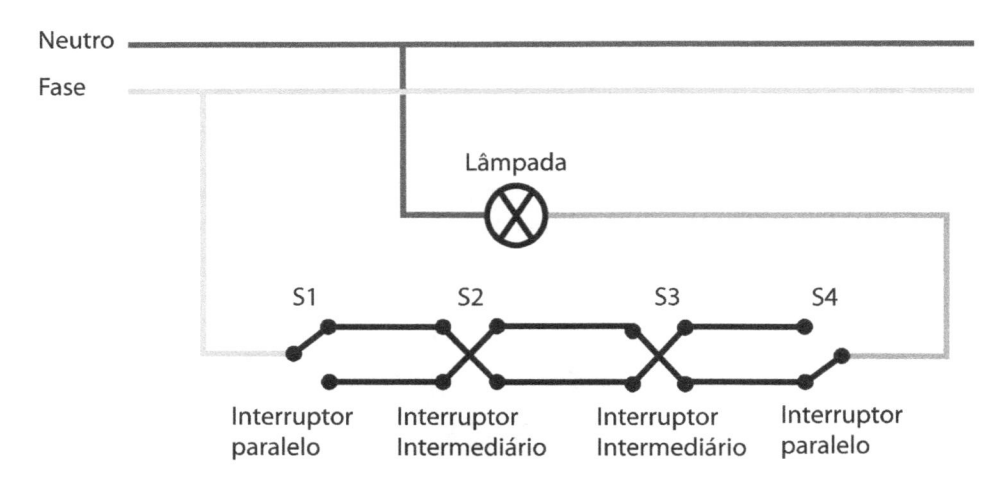

Figura 8.9 >> Ligação de dois Interruptores intermediários.
Fonte: Autores

» Tomada

A tomada é um componente utilizado para possibilitar o fornecimento de eletricidade para um equipamento. As mais comuns fornecem a alimentação monofásica ou bifásica.

Desde 1º de julho de 2011, o Brasil tem um padrão oficial de tomadas, estabelecido pela NBR 14.136 (ASSOCIAÇÃO BRASILEIRA DE NORMAS TÉCNICAS, 2012b), baseada na norma internacional IEC 60.906-1. A venda de tomadas fora desse padrão é proibida.

Pelo novo padrão, a tomada passa a ter três pinos, padronizados conforme a norma técnica, sendo eles: fase, neutro e proteção (terra), para ligação monofásica, e fase e proteção (terra), para ligação bifásica.

> As tomadas possuem uma padronização dos seus pinos, conforme a norma NBR 14.136.

Esquema tomadas ABNT NBR 14.136

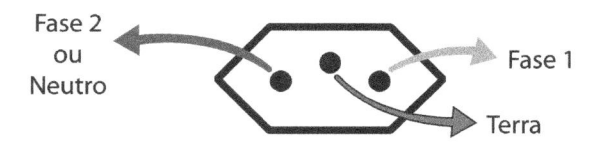

Fase 2 ou Neutro — Fase 1 — Terra

Figura 8.10 » Padrão de pinagem.
Fonte: Enerbras (2015)

Existem dois modelos distintos, um para aparelhos que necessitem de corrente de 10 A e outro para aparelhos que solicitam corrente de 20 A. A diferença visual entre os dois modelos está no diâmetro do orifício da tomada.

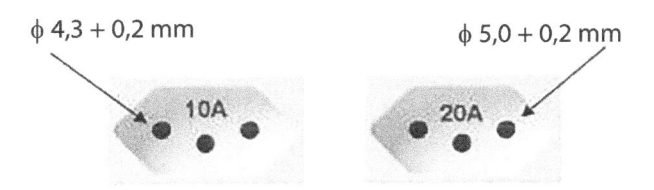

ϕ 4,3 + 0,2 mm ϕ 5,0 + 0,2 mm

Figura 8.11 » Diâmetro do orifício para 10 A e 20 A.
Fonte: Autores

A NBR 5.410 (ASSOCIAÇÃO BRASILEIRA DE NORMAS TÉCNICAS, 2004a), em seu item 5.5.3.2, diz o seguinte:

> "[...] devem ser tomados cuidados para prevenir conexões indevidas entre plugues e tomadas que não sejam compatíveis. Em particular, quando houver circuitos de tomadas com diferentes tensões, as tomadas fixas dos circuitos de tensão mais elevada, pelo menos, devem ser claramente marcadas com a tensão a elas provida. Essa marcação pode ser feita por placa ou adesivo, fixado no espelho da tomada. Não deve ser possível remover facilmente essa marcação".

Assim, alguns fabricantes já disponibilizam marcação em vermelho para as tomadas com corrente de 20 A.

Segundo a NBR 14.136 (ASSOCIAÇÃO BRASILEIRA DE NORMAS TÉCNICAS, 2012b):

> "As tomadas de 20 A devem permitir a inserção de plugues de 10 A e 20 A, e as tomadas com contato terra devem permitir a inserção de plugues com e sem pino terra. As tomadas de 10 A não devem permitir a inserção de plugues de 20 A".

Também existem tomadas para telefonia, com soquete RJ11 e padrão Telebrás, e tomadas para informática RJ45.

Padrão telebrás   **Padrão telebrás e RJ11**   **RJ45**

Figura 8.12 >> Tomadas de telefonia e informática.

A apresentação final da tomada depende da linha de produtos desenvolvidos pelo fabricante, porém sua funcionalidade permanece a mesma.

Os fios que vem da rede da concessionária devem ser conectados nos terminais marcados como L1 e L2 (Figura 8.13).

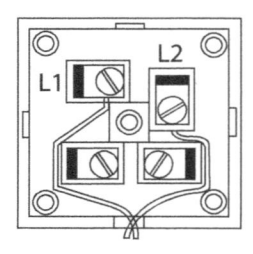

Figura 8.13 >> Ligação dos fios do telefone.
Fonte: Autores

>> Placa

As placas são utilizadas para cobrir as caixas nas quais os interruptores e as tomadas serão instalados. Também existem placas sem furo (placas cegas), utilizadas para efetuar o fechamento das caixas de passagem.

As placas são fabricadas em tamanhos variados, por exemplo:

- placas retangulares 2 × 4;
- placas quadradas 4 × 4;
- placa redonda 3" (polegadas);
- placa redonda 4" (polegadas).

Placa 2×4 115mm 72mm

Placa redonda 3" 94mm

Placa 4×4 115mm 115mm

Placa redonda 4" 116mm

Figura 8.14 >> Placas.
Fonte: Enerbras (2015)

As placas possuem a furação correspondente ao equipamento que será protegido, com formato e acabamento de acordo com a linha de produto do fabricante.

>> Receptáculo de lâmpada

Os receptáculos de lâmpada são adaptadores para lâmpadas incandescentes, econômicas, mistas, entre outras. Normalmente é denominado soquete ou bocal e pode ser instalado em *plafonier* ou nos *spots*. Esse adaptador é fabricado em vários formatos de rosca para as lâmpadas, denominados bases. Existem também os receptáculos para lâmpadas fluorescentes.

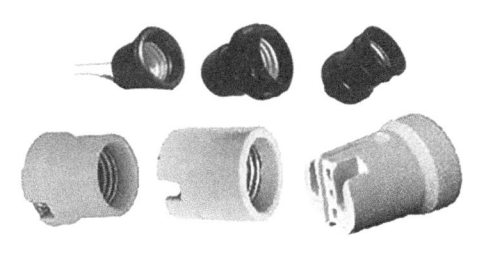

Figura 8.15 >> Receptáculos de lâmpadas.
Fonte: Autores

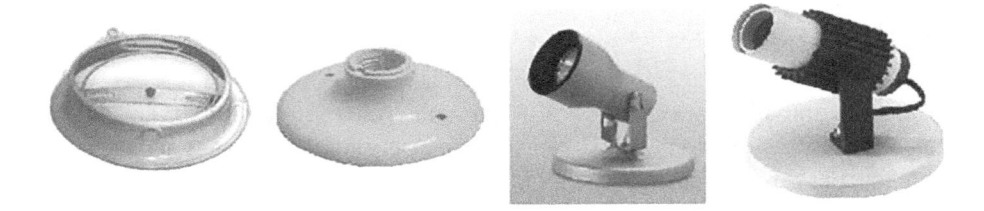

Figura 8.16 >> *Plafonier e spots.*
Fonte: Autores

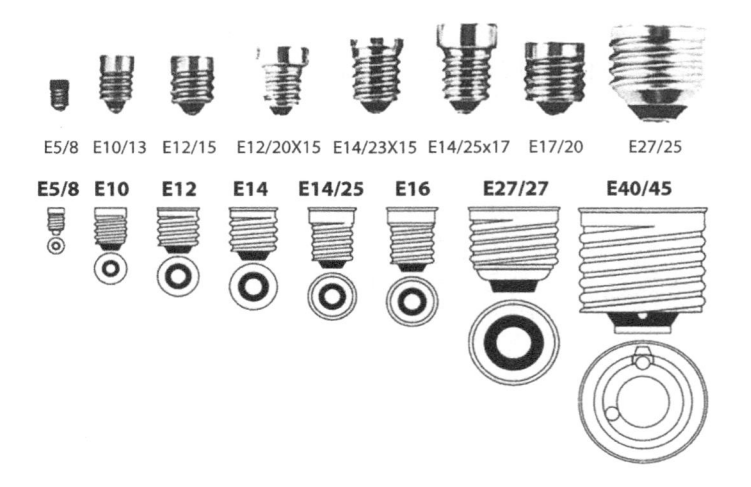

| E5/8 | E10/13 | E12/15 | E12/20X15 | E14/23X15 | E14/25x17 | E17/20 | E27/25 |

| E5/8 | E10 | E12 | E14 | E14/25 | E16 | E27/27 | E40/45 |

Figura 8.17 >> Tipos de base de lâmpadas incandescentes.
Fonte: Autores

Figura 8.18 >> Tipos de base de lâmpadas fluorescentes.
Fonte: Autores

Dependendo do tipo de fixação da lâmpada fluorescente, pode ser utilizada a base que já fornece sustentação à lâmpada ou, faz-se o uso de braçadeiras, juntamente com os soquetes sem fixação na base da luminária.

A base E27 é a mais utilizada nas lâmpadas para uso doméstico e a E40 para as de uso industrial.

Relé fotoelétrico

O relé fotoelétrico possibilita o acendimento de lâmpadas com as condições de iluminação do ambiente. É muito utilizado em sistemas de iluminação pública, para comandar o acendimento das lâmpadas dos postes, mas também tem sido utilizado para efetuar o acendimento de sistema de iluminação em placas e *outdoors*, permitindo que sejam acesos ao anoitecer e apagados ao amanhecer.

Trata-se de um sistema bastante simples, no qual seu componente principal é um LDR (*ligth dependent resistor* – resistor dependente de luz), que comanda o acionamento ou não do circuito que fechará e abrirá o contato para a lâmpada.

Figura 8.19 >> Relé fotoelétrico.
Fonte: Exatron (2016).

Esquema de ligação

A ligação do relé fotoelétrico é extremamente simples. Em geral, ele possui três fios: um preto, um vermelho e outro branco ou azul. O fio preto é conectado à fase, o vermelho ao terminal central da carga (lâmpada), e o branco ou azul é conectado ao terminal neutro da carga (lâmpada) e ao neutro da rede (127 V) ou a outra fase (220 V).

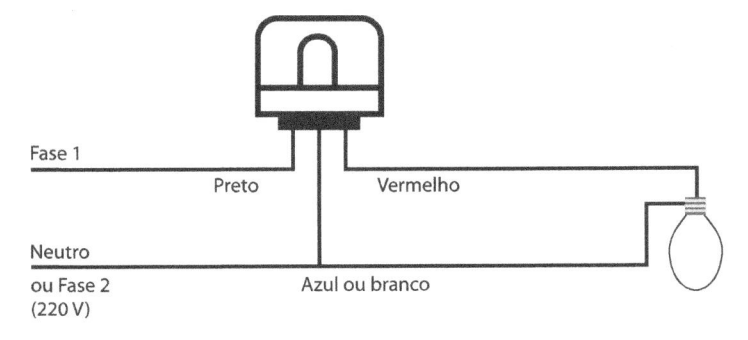

Figura 8.20 >> Esquema de ligação do relé fotoelétrico.
Fonte: Autores

Deve-se observar que todos os relés fotoelétricos possuem uma limitação de carga, informação fornecida pelo fabricante.

As cores dos fios dependem de cada fabricante, podendo ser diferentes das indicadas acima. Verifique na embalagem e/ou folheto de instruções do fabricante.

>> Sensor de presença

O sensor de presença é um equipamento utilizado para comandar o acionamento de uma carga pela presença de algum objeto em movimento ou com fonte de calor, por meio de um sensor infravermelho. Assim, ele poderá ser acionado pelo movimento de uma pessoa, um automóvel, etc.

O sensor de presença possui um temporizador. Passado algum tempo de seu acionamento e ocorrendo a ausência da fonte que o disparou pelo período de tempo programado, ele volta a sua posição original, ou seja, desliga a carga.

Dessa forma, os sensores de presença são muito utilizados no controle de iluminação de escadas, garagens, corredores, entradas de serviço, escritórios, etc., além de serem utilizados para efetuar o disparo de alarmes em diversos ambientes.

Estão disponíveis no mercado diversos modelos: disparo frontal, de embutir em caixas 2 x 4, frontal externo, para teto, para serem colocados em soquetes E27, entre outros.

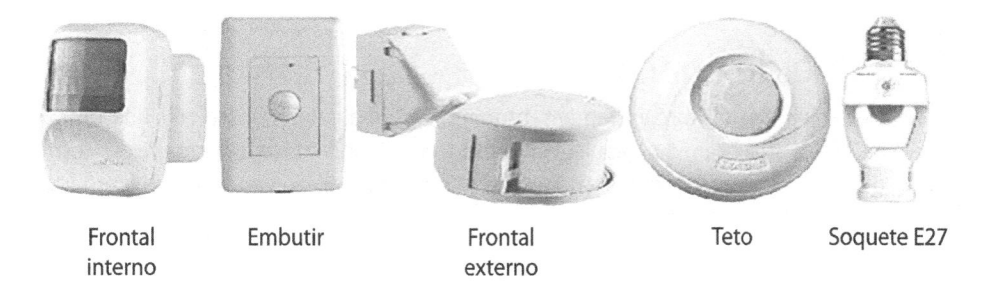

| Frontal interno | Embutir | Frontal externo | Teto | Soquete E27 |

Figura 8.21 >> Sensores de presença.
Fonte: Exatron (2016).

A escolha do modelo deve ser considerada conforme a melhor aplicação de cada modelo.

>> Esquema de ligação

Assim como as cores dos fios do relé fotoelétrico, as cores dos fios do sensor de presença dependem de cada fabricante, podendo ser diferentes das indicadas no texto (Figura 8.22). Verifique na embalagem e/ou folheto de instruções do fabricante.

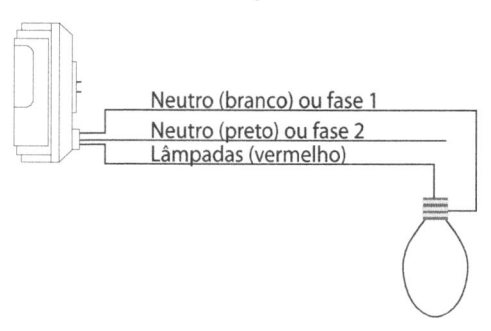

Figura 8.22 >> Esquema de ligação do sensor de presença.
Fonte: Autores

>> Campainha

Campainha é a denominação dada ao dispositivo que ao ser alimentado por uma tensão, emite um alerta sonoro. Esse dispositivo é utilizado para chamar a atenção de alguém para algum evento.

Assim, a utilização da campainha é feita para indicar que algum processo requer a intervenção de pessoas, seja para a porta de entrada, indicar que um processo terminou ou que há problemas em máquinas e equipamentos.

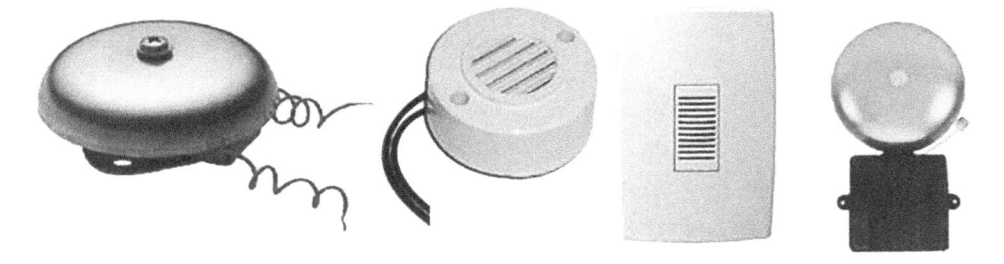

Figura 8.23 >> Tipos de campainha.
Fonte: Autores

Encontramos campainhas das mais diversas formas e formatos, com sons variados (desde um simples apito até músicas melodiosas), com ou sem fio, elétrica ou eletrônica.

Funcionamento da campainha elétrica

O funcionamento da campainha é bastante simples e baseado no funcionamento de um eletroímã. Ao acionar a chave (Sh) a fonte (V) alimenta a bobina (B) do enrolamento, que cria uma tensão induzida magnetizando o eixo no qual a bobina está enrolada. Ao ser magnetizado, o eixo age como um eletroímã, puxando o braço do martelo (Br), o que fará com que o martelo (Ma) acione a tigela de sino (Si), produzindo o som característico (Figura 8.24).

As eletrônicas possuem circuitos eletrônicos mais elaborados que emitem a melodia selecionada no momento do projeto.

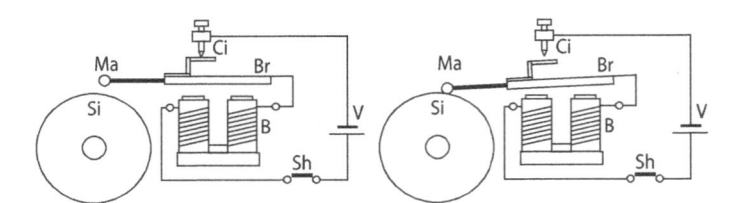

Figura 8.24 >> Esquema da campainha elétrica.
Fonte: Autores

Lâmpada de emergência

As lâmpadas de emergência são um conjunto de lâmpadas, geralmente composto por LEDs (*light emitting diode* – diodo emissor de luz), bateria e circuito eletrônico carregador de bateria, que acende quando ocorre a falta de energia elétrica. Esse sistema possui um relé que chaveia a bateria que alimenta as lâmpadas de emergência.

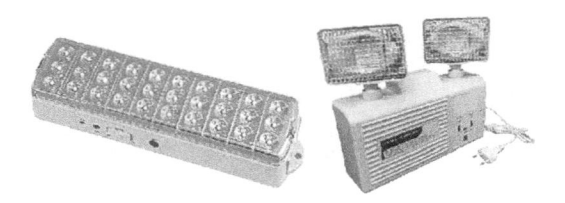

Figura 8.25 >> Lâmpadas de emergência.
Fonte: Autores

Algumas lâmpadas de emergência também são utilizadas para indicar saídas de emergência, no caso de falta de energia (Figura 8.26).

Figura 8.26 >> Lâmpadas como sinalizador.
Fonte: Autores

Assim como todos os equipamentos eletrônicos, as lâmpadas de emergência, em especial, devem passar por manutenção periódica, pois são equipamentos de segurança.

>> Minuteria

A minuteria é um programador de horário que liga uma lâmpada ou um conjunto delas por um determinado intervalo de tempo. É muito utilizada em corredores e garagens de prédios de apartamentos, evitando que as lâmpadas fiquem acesas durante o dia inteiro, gastando energia sem necessidade.

Figura 8.27 >> Minuteria.
Fonte: Exatron (2016).

Normalmente é utilizada em associação a um sensor de presença ou um botão pulsador para que seja acionada. Possui um botão que permite regular o tempo em que a carga ficará acionada.

Dimmer

O *dimmer* também é conhecido como variador de luminosidade, pois permite regular a intensidade luminosa de lâmpadas incandescentes, dicroicas, lâmpadas que não possuem transformadores e até pequenos motores.

Normalmente, o *dimmer* varia a intensidade de corrente elétrica pelo aumento do valor eficaz da tensão, controlando a potência média da carga. No mercado existem diversos modelos, todos com a mesma função de controlar a potência que será aplicada a uma carga.

A ligação de um *dimmer* é extremamente simples: basta conectá-lo no lugar do interruptor.

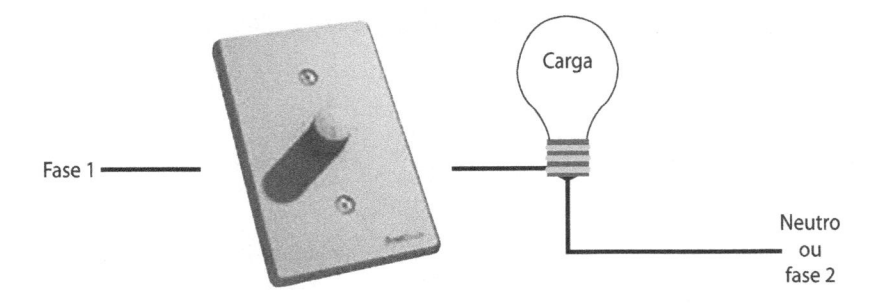

Figura 8.28 >> Um dimmer e seu esquema de ligação.
Fonte: Autores

Relé de impulso

O relé de impulso é o substituto do interruptor paralelo e do intermediário, simplificando as conexões, comandando os sistemas de iluminação e visando a economia de energia. Possui aplicações em escritórios, residências, prédios comerciais e industriais, uma vez que possibilita a ligação de inúmeras lâmpadas em grandes áreas. Sua utilização proporciona uma grande economia de fios.

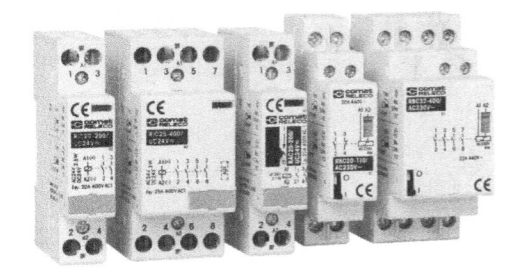

Figura 8.29 >> Relé de impulso.
Fonte: Comat Releco (c2014).

>> Esquema de ligação

Ao acionar qualquer um dos pulsadores (P1, P2 ou P3), acenderá ou apagará as lâmpadas L1, L2 ou L3.

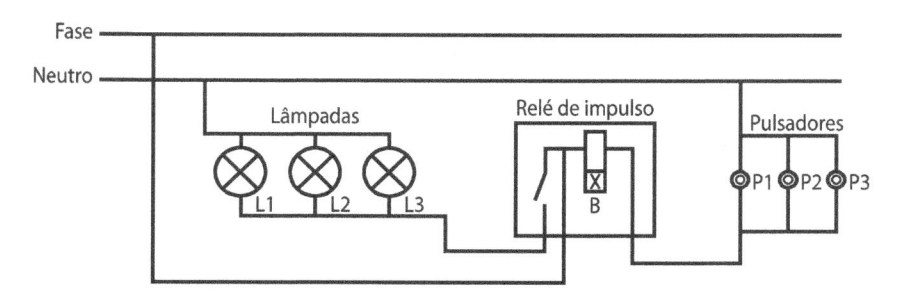

Figura 8.30 >> Ligação do relé de impulso.
Fonte: Autores

>> Atividades

1. Quais os tipos de interruptores disponíveis no mercado e qual a diferença de utilização entre eles?

2. Qual das opções a seguir indica a norma que padronizou os tipos de tomadas no Brasil, em 2011?

(A) NBR 5.410

(B) NBR 14.136

(C) NBR 15.688

(D) NBR 5.419

3. Qual a função de um relé fotoelétrico?

CAPÍTULO 9

Previsão de cargas

Cada tipo de instalação elétrica possui particularidades e demandas diferentes. É preciso estar atento ao tipo de projeto em desenvolvimento no momento de avaliar as cargas necessárias. Neste capítulo, você compreenderá como é feita a previsão de cargas.

OBJETIVOS DE APRENDIZAGEM

» Identificar as normas que definem o valor de carga utilizado em cada tipo de tomada, bem como a potência a elas atribuídas.
» Explicar os valores de cargas de iluminação definidos pela normatização e os equipamentos necessários para seu correto funcionamento.

CAPÍTULO 9 >> PREVISÃO DE CARGAS

Na previsão de cargas devem ser considerados todos os equipamentos que necessitem de alimentação de energia. Basicamente, em um projeto elétrico residencial, as cargas de maior consumo se resumem a tomadas, iluminação e algumas cargas especiais.

Para o caso de um projeto elétrico industrial, deve ser considerada a demanda de motores, iluminação e todas as demais.

Neste capítulo foi dada relevância para a NBR 5.410 (ASSOCIAÇÃO BRASILEIRA DE NORMAS TÉCNICAS, 2004a), destacando-se os itens e os subitens relativos a cada ponto a ser tratado.

>> Cargas de tomadas

De acordo com a NBR 5.410 (ASSOCIAÇÃO BRASILEIRA DE NORMAS TÉCNICAS, 2004), as tomadas são classificadas em tomadas de uso geral (TUG) e tomadas de uso específico (TUE), conforme o valor da carga a ser conectada. Para o dimensionamento dos pontos de tomadas, a NBR 5.410 estabelece alguns critérios mínimos. Veja a seguir:

>> Número de pontos de tomada

A determinação do número de pontos de tomada deve ser adequada à destinação do local e aos equipamentos elétricos utilizados, observados os seguintes critérios:

- em banheiros, deve ser previsto pelo menos um ponto de tomada, próximo ao lavatório;
- em cozinhas, copas, copas-cozinhas, áreas de serviço, cozinha-área de serviço, lavanderias e locais análogos, deve ser previsto no mínimo um ponto de tomada para cada 3,5 m, ou fração de perímetro, sendo que, acima da bancada da pia, devem ser previstas no mínimo duas tomadas de corrente, no mesmo ponto ou em pontos distintos;
- em varandas, deve ser previsto pelo menos um ponto de tomada;
- em salas e dormitórios, devem ser previstos pelo menos um ponto de tomada para cada 5 m, ou fração de perímetro, devendo esses pontos estarem espaçados tão uniformemente quanto possível;
- em cada um dos demais cômodos e dependências de habitação devem ser previstos, pelo menos:
  » um ponto de tomada, se a área do cômodo ou dependência for igual ou inferior a 2,25 m^2. Admite-se que esse ponto seja posicionado externamente ao cômodo ou dependência, a até 0,80 m, no máximo, de sua porta de acesso;
  » um ponto de tomada, se a área do cômodo ou dependência for superior a 2,25 m^2 e igual ou inferior a 6 m^2;
  » um ponto de tomada para cada 5 m, ou fração de perímetro, se a área do cômodo ou dependência for superior a 6 m^2, devendo esses pontos estarem espaçados tão uniformemente quanto possível.

> Admite-se que o ponto de tomada de uma varanda não seja instalado na própria varanda, mas próximo ao seu acesso, quando ela, por razões construtivas, não comportar o ponto de tomada, quando sua área for inferior a 2 m² ou, ainda, quando sua profundidade for inferior a 0,80 m.
>
> No caso de salas de estar, deve-se atentar para a possibilidade de que um ponto de tomada venha a ser usado para alimentação de mais de um equipamento, sendo recomendável equipá-lo, portanto, com a quantidade de tomadas adequada.
>
> Todas as tomadas de corrente fixas das instalações devem possuir os terminais de aterramento (PE). As tomadas de uso residencial e análogo devem obedecer às normas da Associação Brasileira de Normas Técnicas NM 60.884-1:2010 e NBR 14.136:2012; e as tomadas de uso industrial devem seguir a norma IEC 60.309-1:2005.

» Potências atribuíveis aos pontos de tomada

A potência a ser atribuída a cada ponto de tomada deve considerar os equipamentos que serão alimentados por ele, não sendo inferior aos seguintes valores mínimos:

- em banheiros, cozinhas, copas, copas-cozinhas, áreas de serviço, lavanderias e locais análogos, no mínimo 600 VA por ponto de tomada, até três pontos, e 100 VA por ponto para os excedentes, considerando-se cada um desses ambientes separadamente. Quando o total de tomadas no conjunto desses ambientes for superior a seis pontos, admite-se que o critério de atribuição de potências seja de, no mínimo, 600 VA por ponto de tomada, até dois pontos, e 100 VA por ponto para os excedentes, sempre considerando cada um dos ambientes separadamente;
- nos demais cômodos ou dependências, no mínimo 100 VA por ponto de tomada.

> A conexão para aquecedores elétricos de água deve ter o ponto de utilização direto, sem uso de tomada de corrente.

» Divisão da instalação

Todo ponto de utilização previsto para alimentar, de modo exclusivo ou virtualmente dedicado, equipamento com corrente nominal superior a 10 A deve constituir um circuito independente.

Os pontos de tomada de cozinhas, copas, copas-cozinhas, áreas de serviço, lavanderias e locais análogos devem ser atendidos por circuitos exclusivamente destinados à alimentação de tomadas desses locais.

Em locais de habitação, admite-se, como exceção à regra geral, que pontos de tomada e pontos de iluminação possam ser alimentados por um circuito comum, desde que as seguintes condições sejam simultaneamente atendidas:

- a corrente de projeto (I_B) do circuito comum (iluminação mais tomadas) não deve ser superior a 16 A;
- os pontos de iluminação não podem ser alimentados, em sua totalidade, por um só circuito, caso esse circuito seja comum (iluminação e tomadas); e
- os pontos de tomadas não devem ser alimentados, em sua totalidade, por um só circuito, caso esse circuito seja comum (iluminação e tomadas).

É necessário evitar conexões indevidas entre plugues e tomadas que não sejam compatíveis. Em particular, quando houver circuitos de tomadas com diferentes tensões, as tomadas fixas dos circuitos de tensão mais elevada, pelo menos, devem ser claramente marcadas com a tensão a elas provida. Essa marcação pode ser feita por placa ou adesivo, fixado no espelho da tomada. Não deve ser possível remover facilmente essa marcação. Esses itens não são aplicáveis às considerações dos itens anteriormente citados acerca da exceção da regra geral.

Não são admitidas tomadas de corrente dentro de local de sauna.

> Quando houver circuitos de tomadas com diferentes tensões, as tomadas fixas dos circuitos de tensão mais elevada devem ser sinalizadas com a tensão a elas provida. Essa marcação deve ser bem visível e não pode ser de fácil remoção.

>> Cargas de iluminação

As cargas de iluminação devem ser determinadas a partir da aplicação da ABNT NBR ISO/CIE 8.995-1:2013 (ASSOCIAÇÃO BRASILEIRA DE NORMAS TÉCNICAS, 2013c). Para os aparelhos fixos de iluminação por descarga, a potência nominal a ser considerada deve incluir a potência das lâmpadas, as perdas e o fator de potência dos equipamentos auxiliares.

>> Equipamentos de iluminação

Os equipamentos de iluminação são utilizados em instalações elétricas e devem seguir alguns preceitos no que se refere à segurança e à qualidade. Por exemplo, equipamentos de iluminação destinados a locais molhados ou úmidos devem ser concebidos com especificidade para esse uso, não permitindo que a água se acumule nos condutores, porta lâmpadas ou outras partes elétricas.

Os equipamentos de iluminação devem ser firmemente fixados. Em particular, a fixação de equipamentos de iluminação pendentes deve certificar que:

- rotações no mesmo sentido não causem danos aos meios de sustentação;
- a sustentação não recaia sobre os condutores de alimentação.

Os porta-lâmpadas devem ser selecionados considerando tanto a corrente como a potência absorvida pelas lâmpadas previstas. O contato lateral dos porta-lâmpadas com rosca deve ser ligado ao condutor neutro, quando existente.

Em instalações residenciais e assemelhadas, só podem ser usados porta-lâmpadas devidamente protegidos contra riscos de contato acidental com partes vivas ou equipamentos de iluminação que proporcionem ao porta-lâmpada, quando ele não estiver protegido por construção, uma proteção equivalente. Esse mesmo cuidado se aplica a qualquer outro tipo de instalação em que a colocação, retirada e/ou substituição de lâmpadas possam vir a ser efetuadas por pessoas que não sejam advertidas, nem qualificadas.

As luminárias subaquáticas ou sujeitas a contato com água devem ser tratadas conforme a IEC 60.598-2-18 (ASSOCIAÇÃO BRASILEIRA DE NORMAS TÉCNICAS, 1993). Os aparelhos de iluminação subaquáticos instalados em nichos, atrás de vigias estanques e alimentados pela parte traseira, devem seguir as orientações pertinentes da IEC 60.598-2-18, e devem ser montados de modo que não haja nenhum risco de contato entre massas do aparelho ou de seus acessórios de fixação e partes condutivas das vigias.

Em cada cômodo ou dependência de uma casa, por exemplo, deve ser previsto pelo menos um ponto de luz fixo no teto, comandado por interruptor. Nas acomodações de hotéis, motéis e similares pode-se substituir o ponto de luz fixo no teto por tomada de corrente, com potência mínima de 100 VA, comandada por interruptor de parede.

Admite-se que o ponto de luz fixo no teto seja substituído por ponto na parede em espaços sob escadas, depósitos, despensas, lavabos e varandas, desde que de pequenas dimensões e onde a colocação do ponto no teto seja de difícil execução ou não conveniente. Sobre interruptores para uso doméstico e análogo, é necessário verificar atentamente a ABNT NM 60.669-1 (ASSOCIAÇÃO BRASILEIRA DE NORMAS TÉCNICAS, 2004b).

> Em cada cômodo ou dependência de uma casa, por exemplo, deve ser previsto pelo menos um ponto de luz fixo no teto, comandado por interruptor.

Na determinação das cargas de iluminação, como alternativa à aplicação da ABNT NBR ISO/CIE 8.995-1 (ASSOCIAÇÃO BRASILEIRA DE NORMAS TÉCNICAS, 2013c), pode ser adotado o seguinte critério:

- em cômodos ou dependências com área igual ou inferior a 6 m^2, deve ser prevista uma carga mínima de 100 VA;
- em cômodo ou dependências com área superior a 6 m^2, deve ser prevista uma carga mínima de 100 VA para os primeiros 6 m^2, acrescida de 60 VA para cada aumento de 4 m^2 inteiros.

Esses valores correspondem à potência destinada à iluminação para efeito de dimensionamento dos circuitos, e não necessariamente à potência nominal das lâmpadas.

>> Cargas especiais

Para cargas especiais (aquecedores, ar condicionado, fornos, entre outros), deve-se verificar o tipo de carga, a potência, a corrente e a tensão à qual a carga será submetida. Além do dimensionamento da tomada e/ou iluminação considerada como carga especial, é necessário cuidado em relação aos suportes e a forma como serão feitas as conexões dessas cargas; após a determinação do tipo de carga, procede-se um estudo sobre a forma mais correta de dimensionar a conexão da carga.

>> Atividades

1. De acordo com a NBR 5.410 (ASSOCIAÇÃO BRASILEIRA DE NORMAS TÉCNICAS, 2004a) como são classificadas as tomadas?

2. Qual das alternativas a seguir indica o valor correto, em metros, para o perímetro de instalação de pontos de tomadas em cozinhas, copas, áreas de serviço e lavanderias?

(A) 5
(B) 4
(C) 2,5
(D) 3,5

3. Para um cômodo medindo 4 x 5,3 m², determine o número de lâmpadas e a quantidade de tomadas, de acordo com a NBR 5410/2004.

CAPÍTULO 10

Luminotécnica

A história da invenção da eletricidade é antiga e envolve muitos cientistas que, ao longo do tempo, contribuíram de alguma forma para as tecnologias que temos hoje. Para entender melhor as técnicas de iluminação, neste capítulo vamos rever alguns conceitos fundamentais de luz e cor.

OBJETIVOS DE APRENDIZAGEM

- » Definir conceitos de grandezas importantes e de considerável relevância para o estudo da luminotécnica, como luz, cor, intensidade e fluxo luminoso, iluminância, luminância, eficiência luminosa e espectro de radiações luminosas.
- » Descrever o funcionamento e a eficiência de cada um dos tipos de lâmpadas disponíveis no mercado, bem como das luminárias.

A luminotécnica é o estudo da aplicação da iluminação artificial em ambientes internos e externos. A história da invenção da **lâmpada** envolve diversos cientistas, desde Heinrich Goebel, mecânico alemão; Thomas Alva Edison, inventor americano; Joseph Wilson Swan, físico e químico britânico; e Carl Auer von Welsbach, químico austríaco. Até os dias atuais, muitas empresas se dedicaram a pesquisas de lâmpadas mais eficientes e mais econômicas.

Atualmente, existe uma infinidade de tipos de lâmpadas, cada uma com uma finalidade específica: iluminação, efeitos especiais, produção de calor, aplicações na área médica, entre outras.

A escolha correta do tipo de lâmpada a ser utilizada deve considerar alguns fatores importantes, que serão vistos neste capítulo. É importante, também, que você leia atentamente a NBR ISO/CIE 8.995-1:2013 – Iluminação de Ambientes de Trabalho – Parte 1: Interior (ASSOCIAÇÃO BRASILEIRA DE NORMAS TÉCNICAS, 2013c).

>> Conceitos e grandezas fundamentais

Alguns conceitos são de fundamental importância quando falamos de iluminação:

>> Luz

A **luz** é a parte do espectro eletromagnético visível ao olho humano. Em outras palavras, é a parte da radiação eletromagnética situada entre a radiação infravermelha e a radiação ultravioleta, capaz de produzir sensação visual.

A luz, sendo uma radiação eletromagnética, ou seja, uma forma de energia, se propaga por meio de diversos tipos de materiais que lhe conferem a cor que for refletida. Nada mais é que uma forma de energia radiante.

>> Cor

A **cor** é determinada pela reflexão de parte do espectro de luz que incide e causa a sensibilização do olho humano (Figura 10.1). Portanto, a cor pode ser definida como a sensibilidade que a luz refletida ou absorvida produz em nossos olhos, mais especificamente na retina, pela sensibilização do nervo óptico.

Cor	Comprimento de onda	Frequência
Vermelho	~ 625-740 nm	~ 480-405 THz
Laranja	~ 590-625 nm	~ 510-480 THz
Amarelo	~ 565-590 nm	~ 530-510 THz
Verde	~ 500-565 nm	~ 600-530 THz
Ciano	~ 485-500 nm	~ 620-600 THz
Azul	~ 440-485 nm	~ 680-620 THz
Violeta	~ 380-440 nm	~ 790-680 THz

Figura 10.1 >> Comprimento de onda e frequência das cores básicas. Acesse o site do Grupo A (loja.grupoa.com.br), procure pelo ícone conteúdo on line, na página deste livro, para ver a imagem representada em cores.
Fonte: Autores

A luz é a parte do espectro eletromagnético visível ao olho humano e a cor é a reflexão de parte desse espectro de luz.

>> Temperatura da cor

A **temperatura da cor** é a medida que define a cor da luz emitida. A temperatura da cor representa a sua aparência pela luz, quando ela é emitida por uma fonte de luz.

A unidade de medida da temperatura da cor é o **Kelvin (K)**. Essa medida é obtida, por padrão, com a relação entre a temperatura de um material hipotético e padronizado (corpo negro radiador) e a distribuição de energia da luz emitida com a elevação da temperatura desse corpo negro padrão, partindo-se da temperatura zero absoluto (0 K, que corresponde a -273,15º C).

Cada cor possui uma frequência diferente, o que lhe proporciona uma temperatura específica. Quanto maior a temperatura da cor, mais clara é a tonalidade de cor da luz. As expressões "luz quente" ou "luz fria" não estão associadas à temperatura física da lâmpada, mas sim à tonalidade irradiada pela lâmpada no ambiente.

A Figura 10.2 apresenta as temperaturas de algumas cores.

Temperatura	Referência
10000 K	Céu azul
9000 K	
8000 K	
7000 K	Dia nublado
6000 K	
5000 K	Luz ao meio dia / Sol direto
	Flash eletrônico
4000 K	
3000 K	Luz incandescente
	Amanhecer
2000 K	Luz de tungstênio
1000 K	Luz de vela

Figura 10.2 >> Temperatura das cores. Acesse o site do Grupo A (loja.grupoa.com.br), procure pelo ícone conteúdo on line, na página deste livro, para ver a imagem representada em cores.
Fonte: Autores

>> Intensidade luminosa (ι)

A **intensidade luminosa** é o fluxo luminoso irradiado na direção de um determinado ponto. Sua unidade de medida é a **candela (cd)** (Figura 10.3).

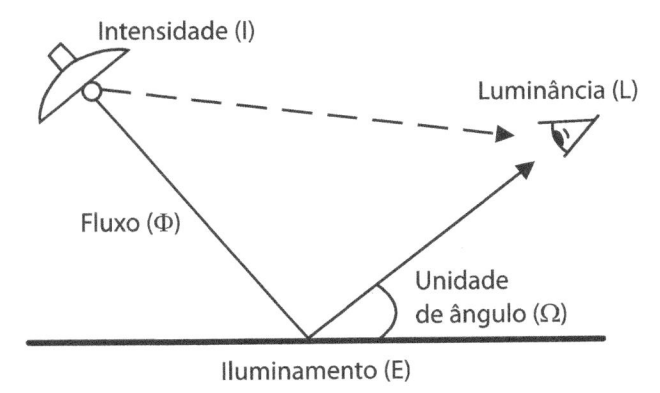

Figura 10.3 >> Intensidade luminosa.
Fonte: Autores

A intensidade luminosa corresponde à medida da potência emitida por uma fonte luminosa em uma determinada direção. Portanto, ela corresponde ao fluxo luminoso irradiado em um determinado ângulo.

$$\iota = \frac{\varphi}{\Omega}$$

Em que:

- ι = intensidade luminosa (cd)
- φ = fluxo luminoso (lm)
- Ω = unidade de ângulo (sr – esferoradiano)

>> Fluxo luminoso (φ)

O **fluxo luminoso** corresponde à quantidade de luz emitida por uma fonte luminosa. Sua unidade de medida é o **lúmen (lm)**, com um valor de comprimento visível compreendido entre os limites de 380 a 780 nm (1 nanômetro = 10^{-9} m).

>> Iluminância (E)

A **iluminância**, também chamada de **iluminamento**, é a quantidade de luz que uma lâmpada irradia em função da superfície sobre a qual incide. Sua unidade de medida é **lux (lx)**. A iluminância pode ser calculada pela fórmula:

$$E = \frac{\varphi}{A}$$

Em que:

- E = iluminância
- φ = fluxo luminoso
- A = superfície

>> Luminância (L)

A **luminância** é a sensação de claridade que impressiona os olhos, ou seja, é a intensidade luminosa que reflete de uma superfície e sensibiliza os olhos. Sua unidade de medida é **candela/metro quadrado (cd/m²)**. Pode ser calculada pela fórmula:

$$L = \frac{\iota}{A \times \cos \alpha}$$

Em que:

- L = luminância
- ι = intensidade luminosa
- A = superfície
- α = ângulo de reflexão

>> Eficiência luminosa

A **eficiência luminosa** corresponde à relação entre o fluxo luminoso e a potência consumida pela lâmpada, e é medida em **lúmen/Watt (lm/W)**.

Este é um dos principais indicadores da luminotécnica, pois fornece o rendimento da conversão de energia por uma fonte luminosa em luz. Em outras palavras, consiste em medir o quanto de energia de uma fonte luminosa foi convertida em luz.

Desta forma, uma lâmpada de maior potência poderá ter uma eficiência luminosa menor que uma lâmpada de menor potência. Veja os exemplos a seguir:

- Uma lâmpada incandescente de 150 W e 2500 lm tem eficiência luminosa = 2500/150 = 16 lm/W.
- Uma lâmpada fluorescente de 40 W e 2600 lm tem eficiência luminosa = 2600/40 = 65 lm/W.

>> Índice de reflexão de cores (IRC)

O índice de reflexão de cores (IRC) é a medida correspondente entre a cor real e a aparência da cor, diante da fonte de luz geradora, de um objeto ou da superfície; ou seja, é uma forma de medir a percepção da cor pelo cérebro humano.

O IRC está baseado em oito cores padrão, obtidas de diferentes fontes geradoras. Para cada ambiente, deve-se ter um valor de IRC correspondente à iluminação desejada. Assim, um IRC de 60% pode ser considerado razoável, um de 80% pode ser considerado bom e um de 90% pode ser considerado excelente. Desta forma, conclui-se que quanto maior o IRC melhor a reprodução de cores.

›› Curva de distribuição luminosa

A **curva de distribuição luminosa** indica, de forma gráfica, como é distribuída a luz de um ponto luminoso, em um determinado plano e em todas as direções (Figura 10.4). A distribuição luminosa está relacionada ao tipo de luminária utilizada.

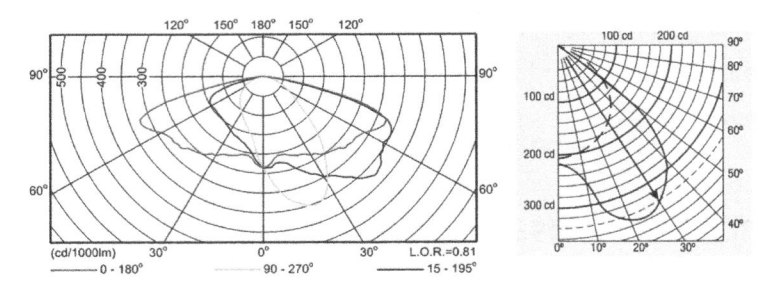

Figura 10.4 ›› Curva de luminância.
Fonte: Autores

A curva de distribuição luminosa representa a intensidade luminosa em todos os ângulos de direcionamento em um plano.

›› Espectro de radiações luminosas

Como visto anteriormente, a luz é uma radiação eletromagnética visível ao olho humano, possuindo comprimentos de onda dentro dos limites de 380 a 780 nm. O espectro eletromagnético apresenta o intervalo de todas as possíveis frequências da radiação eletromagnética, sejam elas visíveis ou não. A Figura 10.5 apresenta o espectro eletromagnético das radiações. Como pode ser observado, dentro de toda a gama de radiações do espectro, há uma pequena parcela visível ao olho humano.

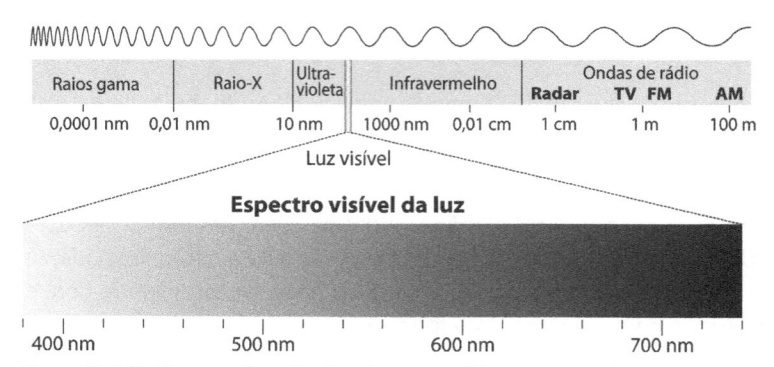

Figura 10.5 ›› Espectro de radiações eletromagnéticas. Acesse o site do Grupo A (loja.grupoa.com.br), procure pelo ícone conteúdo on line, na página deste livro, para ver a imagem representada em cores.
Fonte: Autores

Dentro dessa gama de radiações sensíveis ao olho, encontram-se algumas que possuem características próprias, como a cor preta, que é a ausência de radiações, a cor branca, que é a mistura de todas as radiações, e as demais cores, que são a mistura de algumas radiações.

> A cor preta é a ausência de radiação, a cor branca é a mistura de todas as radiações e as demais cores são a mistura de algumas radiações.

Lâmpadas

A **lâmpada** é um dispositivo que recebe energia elétrica e a transforma em energia luminosa. Ela foi inventada pelo empresário norte-americano Thomas Alva Edison, em 1879. A lâmpada de Edison foi construída com uma haste de carbono muito fina que, ao ser aquecida perto de seu ponto de fusão, ficava incandescente e emitia luz.

Existem vários tipos de lâmpadas, cada uma direcionada para uma aplicação específica, com maior ou menor eficiência. Veremos a seguir os modelos mais utilizados em instalações elétricas prediais.

Incandescente

A **lâmpada incandescente** ainda está muito presente nas residências e em alguns estabelecimentos comerciais. Esse tipo de iluminação possui menor eficiência luminosa (15 lm/W) e um menor tempo de vida média (cerca de 1.000 horas). Sua baixa eficiência em relação aos demais tipos de lâmpadas deve-se ao fato de converter a maior parte da eletricidade (90 a 95%) em calor e apenas uma porcentagem muito reduzida (5 a 10%) em luz. Isso faz as lâmpadas incandescentes esquentarem muito logo após serem acesas.

Seu princípio de funcionamento baseia-se na incandescência de um filamento de tungstênio percorrido por uma corrente elétrica. O filamento de tungstênio é alojado em um bulbo, no qual existe vácuo para evitar a fusão do filamento (Figura 10.6).

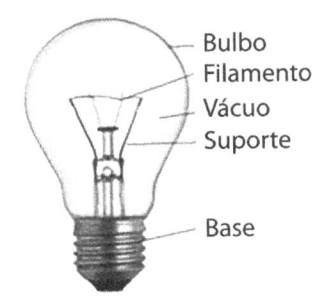

Figura 10.6 >> Partes da lâmpada incandescente.
Fonte: Autores

Pelo fato de possuir baixa eficiência e perder muita energia na forma de calor, as lâmpadas incandescentes estão sendo substituídas pelas lâmpadas fluorescentes. As lâmpadas incandescentes consomem quatro vezes mais energia que as fluorescentes compactas (Figura 10.7). Assim, existe uma regulamentação (Portaria Interministerial n° 1.007/2010, do Ministério de Minas e Energia) que estabelece como prazo de validade das lâmpadas incandescentes o ano de 2016 (BRASIL, 2010). Elas deixarão de ser fabricadas, sendo substituídas por outras de menor consumo, tais como econômicas, LEDs, fluorescentes, etc.

Figura 10.7 >> Tipos de lâmpadas incandescentes.
Fonte: Copafer (c2016), Loja Tudo (c2016), Lowe's (c2016) e Mercado Livre (c1999-2014b).

>> Fluorescente

A **lâmpada fluorescente** foi criada em 1938 por Nicola Tesla e tem maior eficiência luminosa que a lâmpada incandescente, porque produz luz através da energia magnética ao invés do calor.

Além de uma eficiência quatro vezes maior que a lâmpada incandescente, a lâmpada fluorescente tem uma vida útil de até 10 mil horas de uso em regime contínuo.

Seu funcionamento está baseado no princípio dos tubos de descarga de gás neon. Neles, um tubo de vidro é recoberto por um material à base de fósforo. O fósforo, ao ser "excitado" por uma radiação ultravioleta, produz luz visível. Essa radiação ultravioleta é gerada pela ionização de gases inertes (argônio) em baixa pressão. Quando os eletrodos colocados nas extremidades das lâmpadas são submetidos a uma corrente elétrica, aquecem os filamentos que produzem a ionização do gás, iniciando o bombardeamento de íons positivos no interior do tubo, que sensibilizam o fósforo e emitem a luz visível. O reator das lâmpadas produz um aumento no nível de tensão necessária para gerar a radiação ultravioleta, que então provoca a excitação do fósforo colocado ao longo do tubo da lâmpada (Figura 10.8).

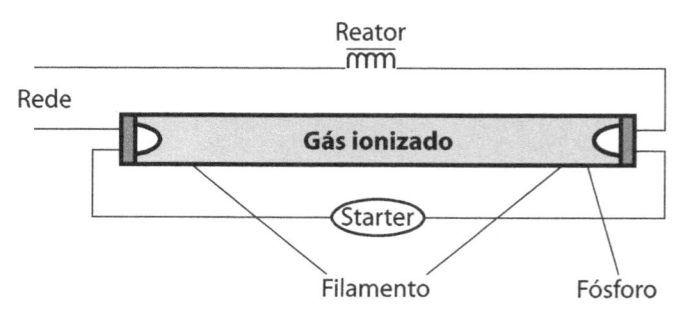

Figura 10.8 >> Componentes da lâmpada fluorescente.
Fonte: Autores

Nas lâmpadas chamadas de "partida lenta", entra em ação um dispositivo denominado **starter**. O *starter* tem a função ignitora das lâmpadas mais antigas. Trata-se de um dispositivo composto por um pequeno tubo de vidro, no interior do qual são interpostos dois eletrodos imersos em gás inerte, responsável pela formação inicial do arco que permitirá estabelecer o contato direto entre esses eletrodos, provocando um pulso de tensão que promoverá a ignição da lâmpada. Após a lâmpada acender, o *starter* pode ser retirado e a lâmpada permanecerá acesa. As lâmpadas modernas dispensam a utilização do *starter*, uma vez que sua função já está incorporada nos reatores eletrônicos.

Os reatores eletrônicos consistem em um circuito de retificação e um inversor oscilante, proporcionando menor ruído audível, menor aquecimento, menores níveis de interferência eletromagnética e menor consumo de energia elétrica.

As lâmpadas fluorescentes podem ser comercializadas de vários formatos e cores; as mais comuns são as tubulares e as econômicas (Figura 10.9).

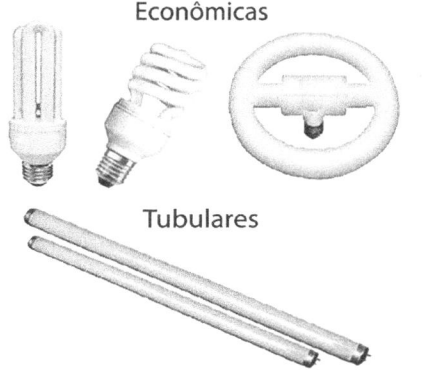

Figura 10.9 >> Tipos de lâmpada fluorescente.
Fonte: Autores

As lâmpadas tubulares têm um reator externo, que deve ser embutido nas calhas ou em outro local da estrutura. As econômicas têm o reator acondicionado no bulbo localizado em sua base.

As lâmpadas fluorescentes econômicas serão as substitutas das lâmpadas incandescentes, conforme regulamentação do Ministério de Minas e Energia (BRASIL, 2010). Assim, é importante saber a equivalência, em potência, entre as duas categorias, conforme indicado na Tabela 10.1.

Tabela 10.1 >> **Equivalência em potência entre lâmpadas fluorescentes e incandescentes**

Fluorescente compacta	Incandescente
9 W	40 W
11 a 15 W	60 W
18 a 20 W	75 W
23 a 25 W	100 W

LED

As **lâmpadas de LED** (sigla do inglês *light emitting diode*, que significa diodo emissor de luz) são uma nova realidade em termos de iluminação. Em relação às lâmpadas incandescentes e fluorescentes, as lâmpadas de LED oferecem vantagens no que diz respeito ao consumo de energia, eficiência luminosa e vida útil.

Essas lâmpadas têm vida útil entre 20 e 45 mil horas de uso contínuo, com a vantagem de não produzirem calor. Existem LED de diversas cores, dependendo do material utilizado na fabricação do material semicondutor. Em geral, são semicondutores que recebem uma "dopagem" de outro tipo de material, que lhes proporciona o efeito de emissão de luz na cor desejada. Além de cores variadas, também é possível encontrar LED de diversos tamanhos e formatos, dependendo da aplicabilidade que for dada a ele (Figura 10.10).

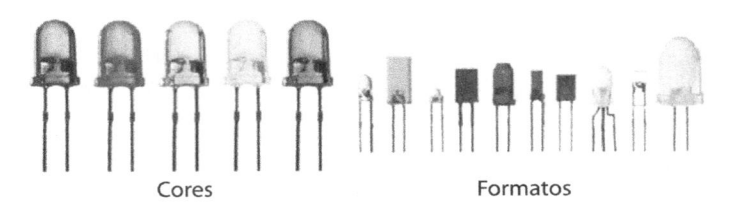

Figura 10.10 >> Formatos de LED. Acesse o site do Grupo A (www.grupoa.com.br) para ter acesso à representação dos LED em cores.
Fonte: Autores

As lâmpadas LED são compostas por vários LED interligados entre si, proporcionando a intensidade luminosa desejada (Figura 10.11).

Figura 10.11 >> Tipos de lâmpadas LED.
Fonte: Autores

As lâmpadas LED proporcionam uma economia de energia que pode chegar a até 95%, e, ainda, apresentam baixa dissipação de calor, maior eficiência energética e melhor índice de reprodução de cor e fluxo luminoso.

» Vapor de mercúrio e de sódio

As **lâmpadas de vapor de mercúrio** são compostas por um tubo de descarga feito de quartzo, capaz de suportar elevadas temperaturas, e possuem em suas extremidades um eletrodo de tungstênio, recoberto com material emissor de elétrons. Esse tipo de lâmpada não necessita de reator para sua partida.

Já as **lâmpadas a vapor de sódio** são compostas por um tubo de descarga de óxido de alumínio, envolto em um bulbo oval de vidro. Esse tubo de descarga é preenchido por uma amálgama de sódio-mercúrio e uma mistura gasosa de neônio e argônio, necessária para sua partida. Esse tipo de lâmpada necessita de reator de partida (Figura 10.12).

Figura 10.12 » Lâmpadas de vapor de mercúrio e vapor de sódio.
Fonte: Autores

Apesar dos dois tipos de lâmpadas serem muito parecidos visualmente e possuírem funcionamento semelhante, diferem em seu aspecto construtivo.

» Mistas

As **lâmpadas mistas** são assim consideradas por possuírem as características das lâmpadas incandescentes, fluorescentes e de vapor de mercúrio. São compostas por um tubo de arco de vapor de mercúrio em série com um filamento incandescente de tungstênio que possui duas funções: produzir fluxo luminoso e promover a estabilização da lâmpada. Os filamentos dessa lâmpada limitam sua corrente de funcionamento e permitem que elas sejam ligadas diretamente em tensões da rede 220 V, dispensando o uso de reatores (Figura 10.13).

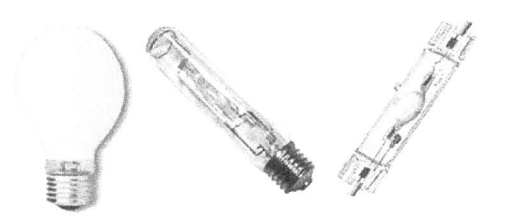

Figura 10.13 » Lâmpadas mistas.
Fonte: Autores

Seu índice de reprodução de cores é igual a 60, tem eficiência luminosa próxima de 25 lm/W, potência entre 160 e 500 W e vida útil em torno de 6 mil horas.

>> Luminárias

As luminárias são equipamentos utilizados como suporte para as lâmpadas. Seu objetivo é a proteção, a fixação, a conexão elétrica, a concentração e a orientação do facho de luz, reduzindo um possível ofuscamento.

Existem diversos tipos de luminárias, cada uma proporcionando efeitos específicos. Assim, a escolha da luminária deve respeitar não só o aspecto estético, mas também os requisitos que acabamos de especificar.

Cada lâmpada se adapta a um tipo específico de luminária. Assim, a escolha da luminária deve ser realizada com um estudo mais criterioso e com o auxílio de profissionais especializados no assunto (Figura 10.14).

Figura 10.14 >> Tipos de luminárias.
Fonte: Autores

Independentemente do tipo de luminária utilizado, é muito importante que se efetue o aterramento do corpo da luminária, pois isso evita eventuais choques elétricos e, nas luminárias que possuem reatores, evita que a eletricidade estática interfira no sistema de partida.

Para um perfeito rendimento das lâmpadas, é importante a manutenção constante, tanto da lâmpada como da luminária, efetuando a limpeza das lâmpadas e da superfície refletora da luminária com frequência.

As luminárias seguem uma classificação estabelecida pela Comissão Internacional de Iluminação (CIE), baseada na porcentagem do fluxo luminoso total, dirigido para cima ou para baixo, em um plano horizontal de referência, conforme a Tabela 10.2.

Tabela 10.2 >> **Classificação de luminárias conforme a Comissão Internacional de Iluminação**

Classificação da luminária	Fluxo luminoso em relação ao plano horizontal (%)	
	Para o teto	Para o plano de trabalho
Direta	0-10	90-100
Semi-direta	10-40	60-90
Indireta	90-100	0-10
Semi-indireta	60-90	10-40
Difusa	40-60	60-40

> Para um perfeito rendimento das lâmpadas, é importante a manutenção constante, tanto da lâmpada como da luminária.

>> Métodos de cálculo de iluminação

Muitas empresas fabricantes de lâmpadas desenvolvem métodos próprios para o cálculo de iluminação. Os dois mais tradicionais são:

1. **Método dos Lúmens ou do Fluxo Luminoso:** consiste em determinar a quantidade de fluxo luminoso necessário para determinado ambiente, levando em consideração a atividade desenvolvida, as cores do teto e da parede, bem como o tipo de luminária e lâmpada a serem utilizadas. Esse método utiliza as fórmulas:

$$\Phi = \frac{E \times S}{\mu \times d} \quad e \quad n = \frac{\Phi}{\emptyset}$$

Em que:

- Φ = fluxo luminoso em lúmens
- E = iluminância em lux
- S = área do ambiente em m^2
- μ = coeficiente de utilização
- d = coeficiente de depreciação
- n = número de lâmpadas
- $\emptyset$ = fluxo luminoso de cada lâmpada

O coeficiente ou fator de depreciação é fornecido pelo fabricante da luminária e corresponde à relação entre o fluxo luminoso no final do período de manutenção e o fluxo luminoso no início da instalação. O fluxo luminoso diminui com o tempo, em função de alguns fatores, como vida útil das lâmpadas, sujeira depositada nas lâmpadas e luminárias e escurecimento das cores do teto, do piso e das paredes. Esse método considera ambientes retangulares, superfícies de reflexão difusa, um tipo único de luminária e a distribuição uniforme. É o método mais utilizado, por ser o mais simples.

2. **Método ponto por ponto ou das intensidades luminosas**: consiste na utilização das leis de Lambert, que define que a iluminância é inversamente proporcional ao quadrado da distância do ponto iluminado ao foco luminoso, e é praticado quando as dimensões da fonte luminosa são muito pequenas em relação ao plano que deve ser iluminado. Consiste em determinar a iluminância (lux) em qualquer ponto da superfície, individualmente, para cada projetor cujo facho atinja o ponto considerado. O iluminamento total será a soma dos iluminamentos proporcionados pelas unidades individuais.

>> Atividades

1. Qual das alternativas a seguir melhor explica os conceitos de luz e cor?

(A) A luz é a parte do espectro eletromagnético visível ao olho humano e a cor é a reflexão de parte desse espectro de luz.

(B) A luminotécnica é o estudo da aplicação da iluminação artificial que envolve a luz e a cor.

(C) A cor é a parte da radiação eletromagnética situada entre a radiação infravermelha e a radiação ultravioleta, capaz de produzir luz.

(D) A luz são raios eletromagnéticos que emitem cor.

2. A temperatura da cor está relacionada com a temperatura da lâmpada quando ligada? Justifique.

3. Como é calculada a Intensidade Luminosa?

4. Como é medida a Eficiência Luminosa?

5. Cite três diferenças entre a lâmpada incandescente e a fluorescente.

6. Pesquise sobre as lâmpadas de LED quanto ao seu uso em ambientes de tamanhos maiores.

7. Qual o melhor método de cálculo de iluminação? Justifique.

CAPÍTULO 11

Aterramento

Indispensável no nosso cotidiano, a eletricidade exige muitos cuidados na sua utilização, pois gera riscos e pode ser fatal. Anualmente, são registrados no Brasil milhares de casos de pessoas que sofrem choques elétricos, a maioria em suas próprias residências. Segundo dados da Associação Brasileira de Conscientização para os Perigos da Eletricidade (ABRACOPEL, 2015), em 2014 foram registradas 627 mortes por choques elétricos e um total de 1.222 casos de acidentes envolvendo eletricidade. Entre os dados divulgados pela associação, constata-se a residência familiar como local de ocorrência de 180 mortes.

Além dos choques elétricos, é necessário também proteger as instalações contra descargas atmosféricas, capazes de levar ao mau funcionamento de máquinas e aparelhos elétricos e eletrônicos, interrupções indesejadas de energia e outros inconvenientes. Daí a importância de realizarmos o aterramento das instalações elétricas.

OBJETIVOS DE APRENDIZAGEM

>> Explicar a necessidade e a função do aterramento em uma instalação elétrica.
>> Definir conceitos importantes sobre o aterramento, como tensão, corrente e falta.
>> Identificar os diferentes esquemas de aterramento presentes na NBR 5.410:2004 (ASSOCIAÇÃO BRASILEIRA DE NORMAS TÉCNICAS, 2004a), bem como detalhar suas estruturas.
>> Ilustrar a equalização de potencial e a formação das descargas elétricas.

A função do aterramento

Ao tocarmos qualquer equipamento que tenha sua carcaça colocada sob tensão, podemos estar sujeitos a um choque elétrico, que, muitas vezes, pode ser mortal.

O choque elétrico é causado pela passagem da corrente elétrica através do corpo de uma pessoa. Quando aterramos um equipamento, qualquer corrente de falta irá escoar para a terra, protegendo, assim, as pessoas contra o choque, evitando a fibrilação cardíaca que pode levar à morte.

Outras funções do aterramento são:

- sensibilizar equipamentos de proteção;
- criar um caminho para as descargas atmosféricas;
- diminuir ao máximo a resistência, possibilitando um caminho para as correntes de falta.

Para a realização de um aterramento adequado, devemos elaborar um projeto específico, com base em dados obtidos e em parâmetros pré-fixados (que podem ser encontrados nas normas NBR 5.410:2004 e NBR 15.751:2013). Devem ser levadas em conta todas as possíveis condições de funcionamento do sistema que se quer aterrar.

> O aterramento tem como objetivo sensibilizar equipamentos de proteção, criar caminho para descargas elétricas e diminuir a resistência.

Conceitos

Alguns conceitos referentes ao aterramento são de conhecimento fundamental para sua formação. Esses conceitos constam na NBR 15.751 (ASSOCIAÇÃO BRASILEIRA DE NORMAS TÉCNICAS, 2013b) e serão descritos a seguir.

- **Aterramento:** trata-se de uma ligação intencional da parte eletricamente condutiva à terra, por meio de condutor elétrico.

- **Tensão de toque**: é a diferença de potencial entre um objeto metálico, aterrado ou não, e um ponto da superfície do solo, separado por uma distância horizontal equivalente ao alcance de um braço de uma pessoa (Figura 11.1). Por exemplo, se tocarmos em um objeto metálico, poderá circular uma corrente elétrica a partir de nosso braço pelo corpo até chegar à terra.

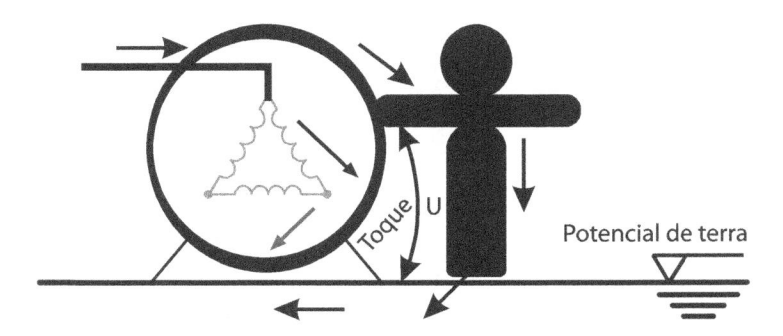

Figura 11.1 >> Demonstração da tensão de toque.
Fonte: Pantoja Engineering and Consultant (2013).

- **Tensão de passo**: é a diferença de potencial entre dois pontos da superfície do solo separados pela distância de um passo de uma pessoa, considerada igual a 1 m (Figura 11.2).

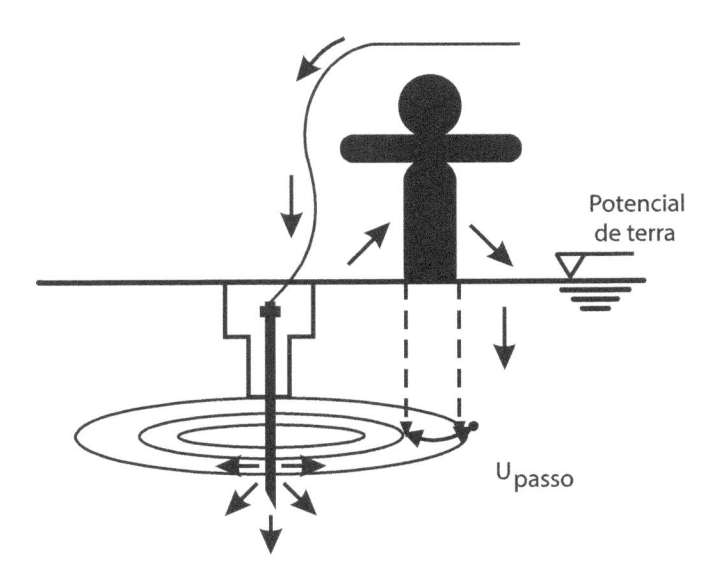

Figura 11.2 >> Demonstração da tensão de passo.
Fonte: Pantoja Engineering and Consultant (2013).

- **Tensão de contato**: é a tensão que aparece acidentalmente, no momento da falha de isolação, entre duas partes simultaneamente acessíveis (Figura 11.3).

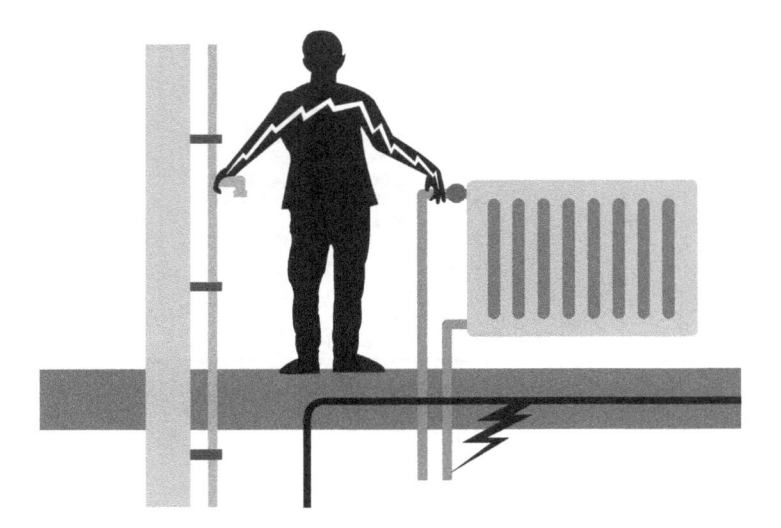

Figura 11.3 >> Demonstração da tensão de contato.
Fonte: Vormelek Formelec (c2013)

- **Corrente de falta**: é a corrente que flui de um condutor para outro e/ou para a terra, no caso de uma falta e no local dela.
- **Falta**: é o contato ou arco acidental entre partes sob potenciais diferentes e/ou de uma ou mais dessas partes para a terra, em um sistema ou equipamento elétrico energizado.
- **Sistema aterrado**: é o sistema ou parte de um sistema elétrico cujo neutro é permanentemente ligado à terra.
- **Sistema de aterramento**: é o conjunto de todos os eletrodos e condutores de aterramento, interligados ou não, assim como partes metálicas que atuam direta ou indiretamente com a função de aterramento, como cabos para-raios, torres e pórticos; armaduras de edificações; capas metálicas de cabos, tubulações e outros.

Os sistemas de aterramento podem ser diversos, dependendo da necessidade e de sua importância, devendo sempre garantir a ligação à terra de forma efetiva. Os principais tipos de sistemas de aterramento são:

- Haste simples cravada no solo
- Hastes alinhadas
- Hastes em triângulo
- Hastes em quadrado
- Hastes em círculos
- Placas enterradas no solo
- Cabos enterrados, podendo formar várias configurações, como cruz, estrela, malha de terra, etc.

A melhor e mais eficiente opção de aterramento é a malha de terra (Figura 11.4).

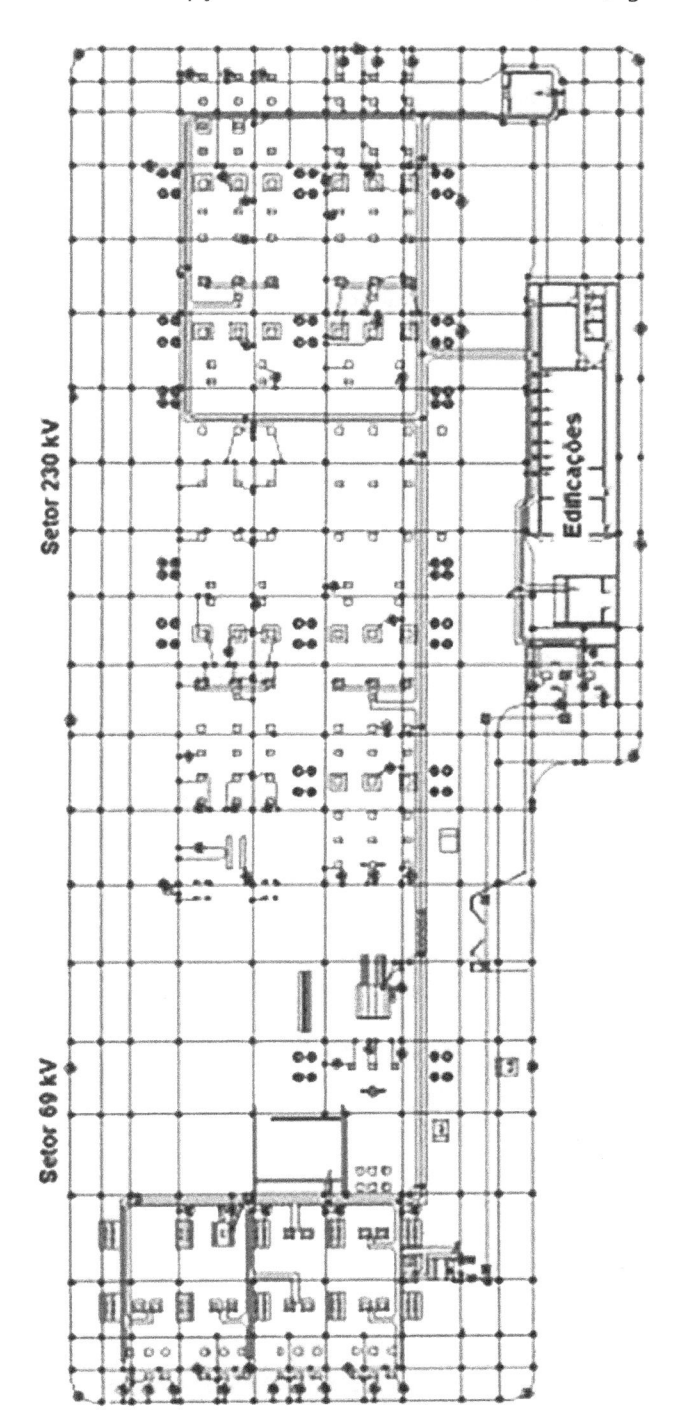

Figura 11.4 >> Exemplo de malha de terra em subestação.
Fonte: Fraga e Medeiros (2010).

- **Sistema diretamente aterrado**: é o sistema aterrado sem interposição intencional de uma impedância.
- **Equipotencialização**: consiste na interligação de elementos específicos, visando obter a equipotencialidade necessária para os fins desejados. Por extensão, a própria rede de elementos interligados resultante. Outra definição é interligar dois ou mais corpos no sentido de reduzir ao máximo a diferença de potencial entre eles (Figura 11.5).

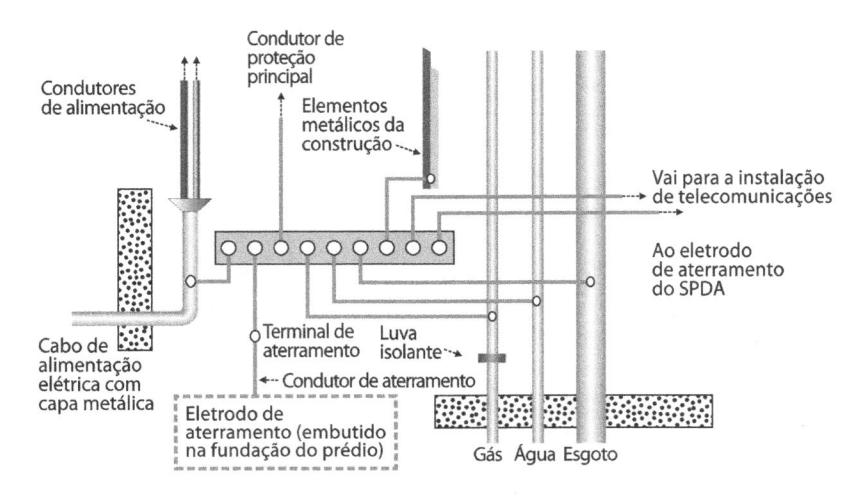

Figura 11.5 >> Esquema de equipotencialização.

- **Ligação equipotencial**: Ligação entre o SPDA e as instalações metálicas, destinadas a reduzir as diferenças de potencial causadas pela corrente de descarga atmosférica (Figura 11.6).

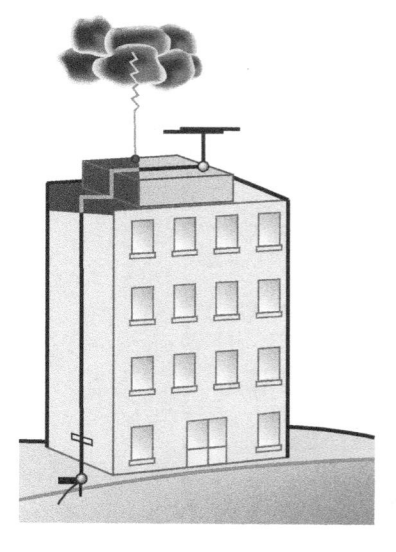

Figura 11.6 >> Exemplo de ligação equipotencial.

Esquemas de aterramento

A NBR 5.410 (ASSOCIAÇÃO BRASILEIRA DE NORMAS TÉCNICAS, 2004a) apresenta cinco esquemas de aterramento e, como exemplo, utiliza sistemas trifásicos, fazendo também algumas observações a este respeito. A seguir, conheceremos um pouco sobre esses esquemas de aterramento. Contudo, é preciso estar atento a alguns pontos relevantes:

1. As massas indicadas não simbolizam necessariamente um único equipamento elétrico, mas sim qualquer número deles.
2. As figuras não devem ser vistas com conotação espacial restrita.
3. Uma mesma instalação pode eventualmente abranger mais de uma edificação; as massas, se pertencentes a uma mesma edificação, devem necessariamente compartilhar o mesmo eletrodo de aterramento, mas, se situadas em diferentes edificações, podem, a princípio, estar ligadas a eletrodos de aterramento distintos, com cada grupo de massas associado ao eletrodo de aterramento da edificação respectiva.
4. Nas figuras serão utilizados os seguintes símbolos:

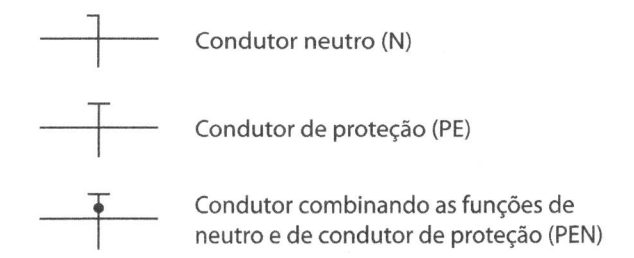

    ─┼─ Condutor neutro (N)

    ─┬─ Condutor de proteção (PE)

    ─┬•─ Condutor combinando as funções de neutro e de condutor de proteção (PEN)

- Os esquemas de aterramento utilizam a seguinte simbologia:
    » Primeira letra: situação da alimentação em relação à terra:
        › *T* = um ponto diretamente aterrado
        › *I* = isolação de todas as partes vivas em relação à terra ou aterramento de um ponto através de impedância
    » Segunda letra: situação das massas da instalação elétrica em relação à terra:
        › *T* = massas diretamente aterradas, independentemente do aterramento eventual de um ponto da alimentação
        › *N* = massas ligadas ao ponto da alimentação aterrado (em corrente alternada, o ponto aterrado é normalmente o ponto neutro)
    » Outras letras (eventuais): disposição do condutor neutro e do condutor de proteção:
        › *S* = funções de neutro e de proteção asseguradas por condutores distintos
        › *C* = funções de neutro e de proteção combinadas em um único condutor (condutor PEN)

❯❯ Esquema TN

No esquema TN, temos um ponto de alimentação diretamente aterrado, e as massas são ligadas a esse ponto por meio de condutores de proteção. São consideradas três variantes de esquema TN, de acordo com a disposição do condutor neutro e do condutor de proteção.

1. **Esquema TN-S**: o condutor neutro e o condutor de proteção são distintos (Figura 11.7).

2. **Esquema TN-C-S**: as funções de neutro e de proteção são combinadas em um único condutor em parte do esquema (Figura 11.8).

3. **Esquema TN-C**: as funções de neutro e de proteção são combinadas em um único condutor, na totalidade do esquema (Figura 11.9).

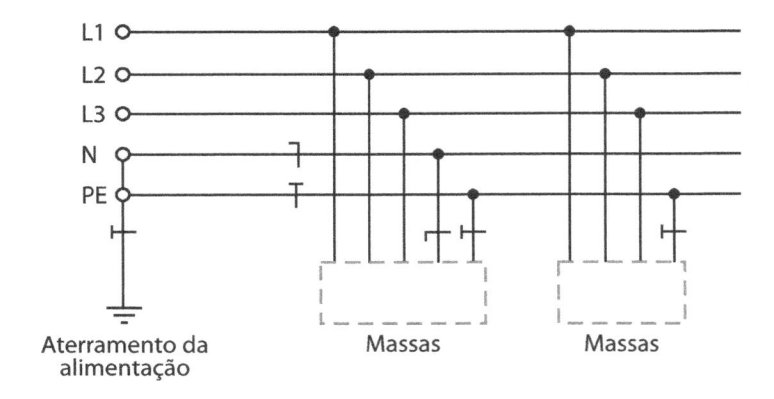

Figura 11.7 ❯❯ Representação do esquema TN-S.

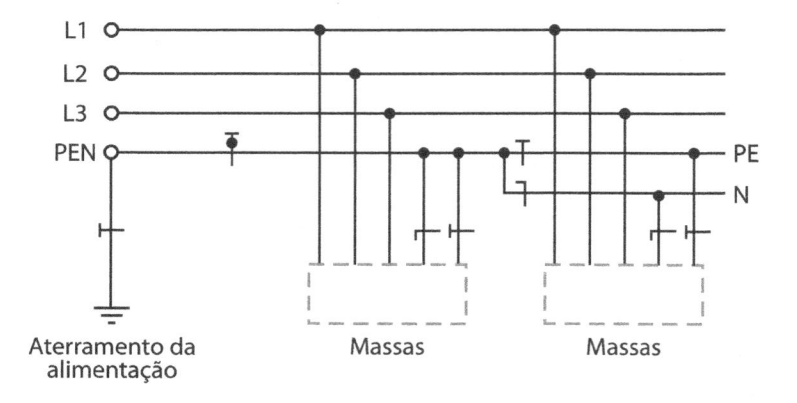

Figura 11.8 ❯❯ Representação do esquema TN-C-S.

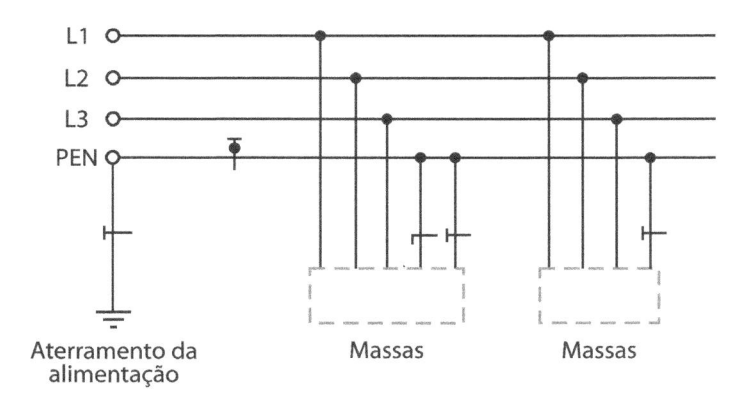

Figura 11.9 >> Representação do esquema TN-C.

> É importante lembrar que no esquema TN-C-S as funções de neutro e de condutor de proteção são combinadas em um único condutor **em parte do esquema**, já no esquema TN-C as funções de neutro e de condutor de proteção são combinadas em um único condutor, **na totalidade do esquema.**

>> Esquema TT

O esquema **TT** possui um ponto da alimentação diretamente aterrado, estando as massas da instalação ligadas a eletrodos de aterramento eletricamente distintos do eletrodo de aterramento da alimentação (Figura 11.10).

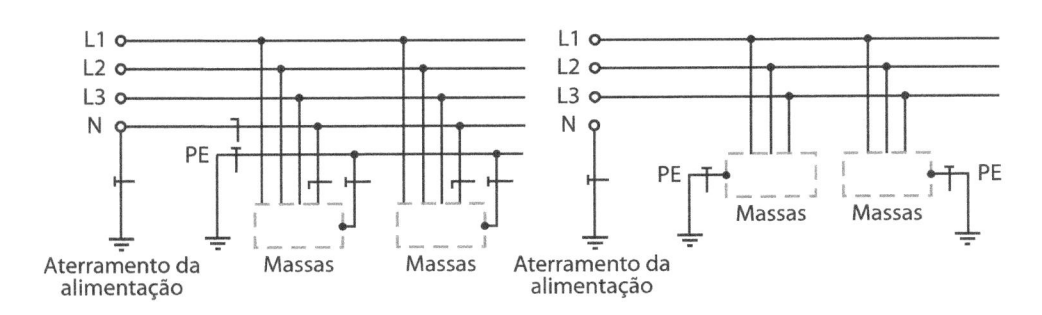

Figura 11.10 >> Representação do esquema TT.

>> Esquema IT

No esquema **IT** todas as partes vivas são isoladas da terra ou um ponto da alimentação é aterrado através de impedância (Figura 11.11). As massas da instalação são aterradas, verificando-se as seguintes possibilidades:

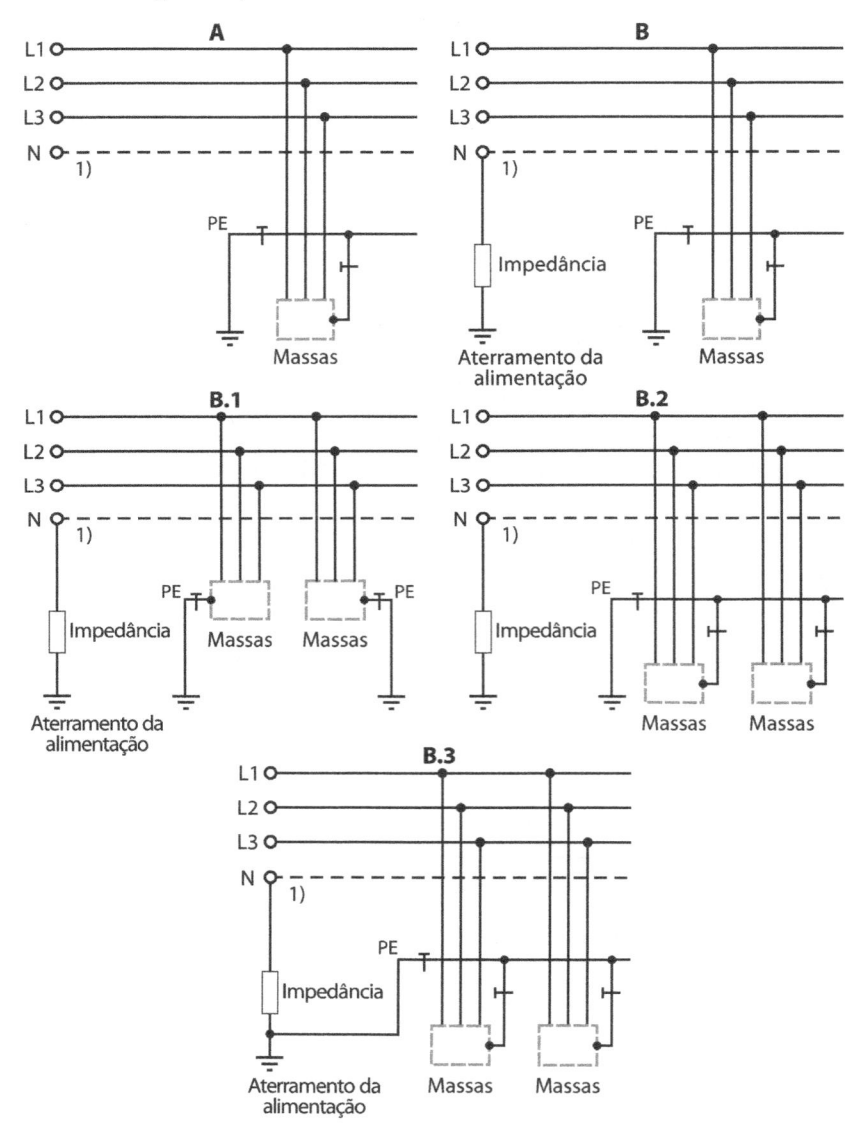

Figura 11.11 >> Representação do esquema IT. Note que o neutro pode ser ou não distribuído. A) sem aterramento da alimentação; B) alimentação aterrada através de impedância; B.1) massas aterradas em eletrodos separados e independentes do eletrodo de aterramento da alimentação; B.2) massas coletivamente aterradas em eletrodo independente do eletrodo de aterramento da alimentação; B.3) massas coletivamente aterradas no mesmo eletrodo da alimentação.
Fonte: autorizado de ERICO – HASTES, etc.

- massas aterradas no mesmo eletrodo de aterramento da alimentação, se existente;
- massas aterradas em eletrodo(s) de aterramento próprio(s), seja porque não há eletrodo de aterramento da alimentação, seja porque o eletrodo de aterramento das massas é independente do eletrodo de aterramento da alimentação.

Sistemas de proteção contra descargas atmosféricas

Além do que foi visto sobre aterramento, devemos lembrar que ele ainda deve ser ligado ao Sistema de Proteção contra Descargas Atmosféricas (SPDA). É importante saber que um SPDA não impede a ocorrência das descargas atmosféricas.

Um SPDA projetado e instalado conforme a ABNT NBR 5.419:2005 pode não assegurar a proteção absoluta de uma estrutura, de pessoas e bens. Entretanto, a aplicação dessa norma reduz de forma significativa o risco de danos decorrentes das descargas atmosféricas.

O nível de proteção do SPDA deve ser determinado conforme a tabela inserida na norma. O tipo e o posicionamento do SPDA devem ser estudados cuidadosamente no estágio de projeto da edificação, para obter o máximo proveito dos elementos condutores da própria estrutura. Isto facilita o projeto e a construção de uma instalação integrada, permite melhorar o aspecto estético, aumentar a eficiência do SPDA e minimizar custos.

O acesso à terra e a utilização adequada das armaduras metálicas das fundações como eletrodo de aterramento podem não ser possíveis após o início dos trabalhos de construção. A natureza e a resistividade do solo devem ser consideradas no estágio inicial do projeto. Este parâmetro pode ser útil para dimensionar o subsistema de aterramento, que pode influenciar certos detalhes do projeto civil das fundações.

Para evitar trabalho desnecessário, é primordial que haja entendimentos regulares entre os projetistas do SPDA, os arquitetos e os construtores da estrutura. O projeto, a instalação e os materiais utilizados em um SPDA devem atender plenamente a ABNT NBR 5.419:2005 (ASSOCIAÇÃO BRASILEIRA DE NORMAS TÉCNICAS, 2005a).

Não são admitidos quaisquer recursos artificiais destinados a aumentar o raio de proteção dos captores, como os captores com formatos especiais, os de metais de alta condutividade, ou ainda ionizantes, radiativos ou não. Os SPDA que tenham sido instalados com tais captores devem ser redimensionados e substituídos de modo a atender a norma.

Para o correto posicionamento dos captores, devem ser observados os requisitos da Tabela 11.1 e da Figura 11.12.

Tabela 11.1 >> **Posicionamento de captores conforme o nível de proteção.**

Nível de proteção	R m	Ângulo de proteção (a) – método Franklin, em função da altura do captor (h) (ver Nota 1) e do nível de proteção					Largura do módulo da malha (ver Nota 2) m
		h m					
		0 – 20 m	21 m – 30 m	31 m – 45 m	46 m – 60 m	> 60 m	
I	20	25	1)	1)	1)	2)	5
II	30	35	25	1)	1)	2)	10
III	45	45	35	25	1)	2)	10
IV	60	55	45	35	25	2)	20

R = raio da esfera rolante.

1) Aplicam-se somente os métodos eletrogeométrico, malha ou da gaiola de Faraday

2) Aplica-se somente o método da gaiola de Faraday

Notas

1 Para escolha do nível de proteção, a altura é em relação ao solo e, para verificação da área protegida, é em relação ao plano horizontal a ser protegido.

2 O módulo da malha deverá constituir um anel fechado, com o comprimento não superior ao dobro da sua largura.

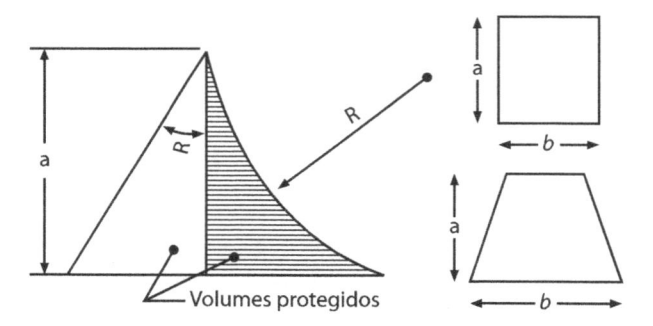

Figura 11.12 >> Parâmetros e volumes de proteção do SPDA. h, altura do captor; a, largura da malha; ⟨, ângulo de proteção (método Franklin); b, comprimento da malha; R, raio da esfera rolante; b ~ 2a

No projeto dos captores, podem-se utilizar os seguintes métodos, dependendo do caso:

a) ângulo de proteção (método Franklin); conforme Figura 11.13; b) esfera rolante ou fictícia (modelo eletrogeométrico); conforme Figura 11.14; c) condutores em malha ou gaiola (método Faraday) conforme Figura 11.15.

Os captores em malha são uma rede de condutores dispostos no plano horizontal ou inclinado sobre o volume a proteger. As Gaiolas de Faraday são formadas por uma rede de condutores envolvendo todos os lados do volume a proteger.

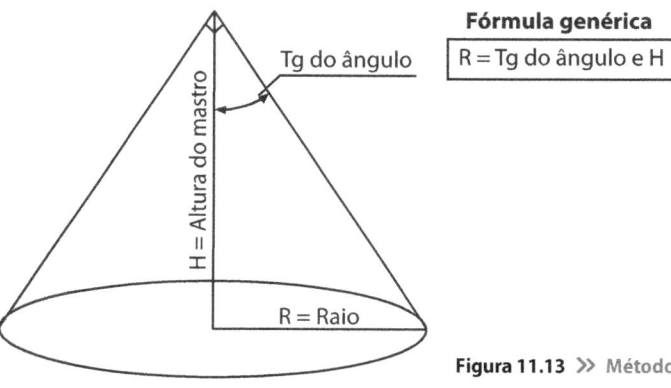

Fórmula genérica

$R = Tg\ do\ ângulo\ e\ H$

Figura 11.13 >> Método Franklin.

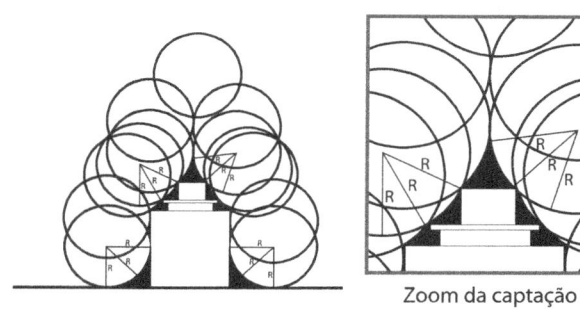

Zoom da captação

Figura 11.14 >> Método Esfera Rolante.

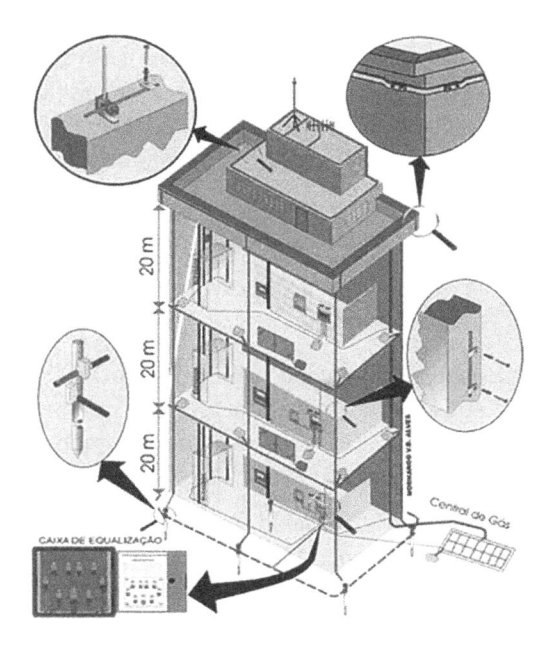

Figura 11.15 >> Método Faraday ou gaiola.
Fonte: Termotécnica (c2016).

Equalização de potencial

Segundo a ABNT NBR 5.419:2005, a equalização de potencial constitui a medida mais eficaz para reduzir os riscos de incêndio, explosão e choques elétricos dentro do volume (edificação) a se proteger (ASSOCIAÇÃO BRASILEIRA DE NORMAS TÉCNICAS, 2005a).

A equalização de potencial é alcançada mediante condutores de ligação equipotencial, eventualmente incluindo DPS (dispositivo de proteção contra surtos), interligando o SPDA (sistema de proteção contra descargas atmosféricas), a armadura metálica da estrutura, os quadros de distribuição, as instalações metálicas, as massas e os condutores dos sistemas elétricos de potência e de sinal, dentro do volume a proteger.

Em geral, componentes metálicos exteriores a um volume a ser protegido podem interferir na instalação do SPDA exterior e, em consequência, devem ser considerados no estudo do SPDA. Poderá ser necessário estabelecer ligações equipotenciais entre esses elementos e o SPDA.

Em estruturas que não possuem SPDA externo, mas requerem proteção contra os efeitos das descargas atmosféricas sobre as instalações internas, deve ser efetuada a equalização de potencial. Uma ligação equipotencial principal, como prescreve a ABNT NBR 5.410, é obrigatória em qualquer caso.

Uma ligação equipotencial deve ser efetuada:

- no subsolo, ou próximo ao quadro geral de entrada de baixa tensão. Os condutores de ligação equipotencial devem ser conectados a uma barra de ligação equipotencial principal, construída e instalada de modo a permitir fácil acesso para inspeção. Essa barra de ligação equipotencial deve estar conectada ao subsistema de aterramento, acima do nível do solo, em intervalos verticais não superiores a 20 m, para estruturas com mais de 20 m de altura. As barras secundárias de ligação equipotencial devem ser conectadas a armaduras do concreto ao nível correspondente, mesmo que elas não sejam utilizadas como componentes naturais;
- quando as distâncias de segurança prescritas pela norma não puderem ser atendidas.

Em estruturas providas de SPDA isolados, a ligação equipotencial deve ser efetuada somente ao nível do solo. Essa ligação pode ser realizada por meio de:

- **Condutores de ligação equipotencial**: onde a continuidade elétrica não for assegurada por ligações naturais. Caso uma ligação equipotencial deva suportar toda a corrente de descarga atmosférica, ou parte substancial dela, as seções mínimas dos condutores devem estar conforme a Tabela 11.2. Para os demais casos, as seções são indicadas na Tabela 11.3.
- **DPS**: quando uma ligação equipotencial direta não for permitida (por exemplo, em tubulações metálicas com proteção catódica por corrente imposta). Os DPS devem ser instalados de modo a permitir fácil inspeção.

Tabela 11.2 >> **Seções mínimas dos condutores de ligação equipotencial para conduzir parte substancial da corrente de descarga atmosférica**

Nível de proteção	Material	Seção mm²
I – IV	Cobre	16
	Alumínio	25
	Aço	50

Tabela 11.3 >> **Seções mínimas dos condutores de ligação equipotencial para conduzir uma parte reduzida da corrente de descarga atmosférica**

	Cobre	6
I – IV	Alumínio	10
	Aço	16

>> Formação das descargas atmosféricas

Ao longo dos anos, várias teorias foram desenvolvidas para explicar o fenômeno dos raios. Atualmente, tem-se como certo que a fricção entre partículas de água e gelo formam as nuvens, provocada pelos ventos ascendentes, de forte intensidade, que dão origem a uma grande quantidade de cargas elétricas. Verifica-se, experimentalmente, que as cargas elétricas positivas ocupam a parte superior da nuvem, ao passo que as cargas elétricas negativas se posicionam na sua parte inferior, acarretando, assim, uma intensa migração de cargas positivas na superfície da terra para a área correspondente à localização da nuvem, conforme se pode observar na Figura 11.16.

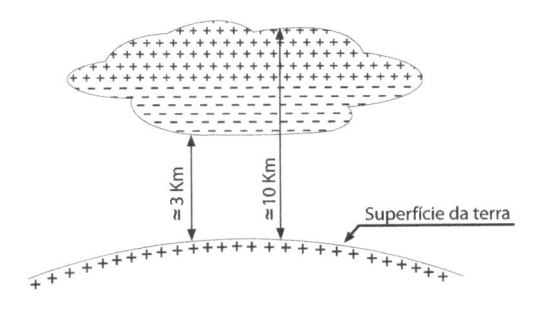

Figura 11.16 >> Fenômeno dos raios.

A concentração de cargas elétricas positivas e negativas em uma determinada região faz surgir uma diferença de potencial entre a nuvem e a terra. No entanto, o ar apresenta uma determinada rigidez dielétrica, normalmente elevada, e que depende de certas condições ambientais. O aumento desta diferença de potencial, que se denomina gradiente de tensão, pode atingir um valor que supera a rigidez dielétrica do ar, interposta entre a nuvem e a terra, fazendo as cargas elétricas negativas migrarem na direção da terra, em um trajeto tortuoso, normalmente cheio de ramificações, cujo fenômeno é conhecido como descarga piloto. O valor do gradiente de tensão para o qual a rigidez dielétrica do ar é rompida é de aproximadamente 1 kV/mm.

A ionização do caminho, seguida pela descarga piloto, propicia condições favoráveis de condutibilidade do ar ambiente. Mantendo-se elevado o gradiente de tensão na região entre a nuvem e a Terra, surge, em função da aproximação do solo de uma das ramificações da descarga piloto, uma descarga ascendente, constituída de cargas elétricas positivas, denominadas descarga de retorno ou principal, de grande intensidade, responsável pelo fenômeno conhecido como trovão, que é o deslocamento da massa de ar circundante ao caminho do raio em razão da elevação da temperatura e, consequentemente, do aumento de volume.

Não há como precisar a altura do encontro entre estes dois fluxos de carga que caminham em sentidos opostos, mas acredita-se que seja a poucas dezenas de metros da superfície da terra. A descarga de retorno atingindo a nuvem provoca, em uma determinada região dela, uma neutralização eletrostática temporária. Na tentativa de manter o equilíbrio dos potenciais elétricos no interior da nuvem, surgem intensas descargas, que resultam na formação de novas cargas negativas na sua parte inferior, as chamadas descargas secundárias ou reflexas, no sentido da nuvem para a terra, tendo como canal condutor aquele seguido pela descarga de retorno, que em sua trajetória ascendente deixou o ar intensamente ionizado. A Figura 11.17 ilustra graficamente a formação das descargas atmosféricas.

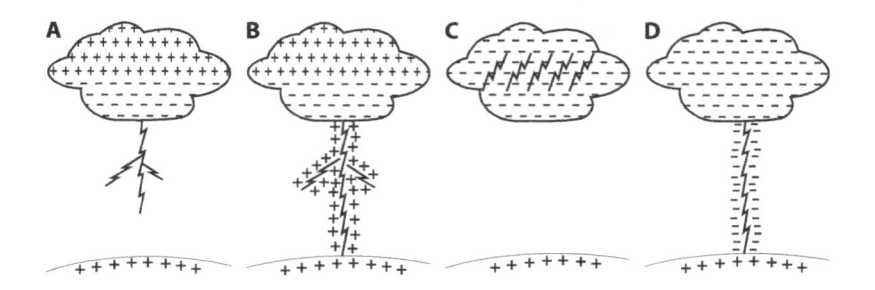

Figura 11.17 >> Formação das descargas atmosféricas: A) descarga piloto; B) descarga de retorno; C) descarga no interior da nuvem; D) descargas reflexas ou secundárias.

As descargas reflexas ou secundárias podem acontecer por várias vezes, cessada a descarga principal.

>> Atividades

1. O que são descargas atmosféricas e de que forma elas podem interferir em instalações elétricas?

2. Relacione as colunas de acordo com a definição mais adequada para os seguintes termos:

   (A) Aterramento

   (B) Tensão de passo

   (C) Falta

   (D) Sistema aterrado

   ( ) é a diferença de potencial entre dois pontos da superfície do solo separados pela distância de um passo de uma pessoa, considerada igual a 1 m

   ( ) é o contato ou arco acidental entre partes sob potenciais diferentes e/ou de uma ou mais dessas partes para a terra, em um sistema ou equipamento elétrico energizado.

   ( ) é o sistema ou parte de um sistema elétrico cujo neutro é permanentemente ligado à terra.

   ( ) trata-se de uma ligação intencional da parte eletricamente condutiva à terra, por meio de condutor elétrico.

3. Defina as três variantes do esquema de aterramento TN.

4. Sobre a equalização de potencial é CORRETO afirmar que:

(A) É alcançada mediante ligação equipotencial sem DPS ou interligação com o SPDA.

(B) É a medida mais eficaz para reduzir os riscos de incêndios, explosões e choques.

(C) Não é obrigatória.

(D) É indispensável o estabelecimento de ligações equipotenciais entre todos os elementos e o SPDA.

CAPÍTULO 12

Fator de potência

Entre a potência fornecida pela companhia de energia e a potência realmente consumida pelos diferentes tipos de instalações elétricas existe uma relação. Essa relação irá determinar os possíveis problemas em caso de desajuste e as vantagens quando tudo estiver funcionando em perfeita ordem. Neste capítulo, vamos entender um pouco mais sobre fator de potência e como é possível ajustá-lo.

OBJETIVOS DE APRENDIZAGEM

» Definir o que é fator de potência e qual a sua finalidade, bem como os conceitos fundamentais relacionados ao tema e às fórmulas pertinentes.
» Explicar a importância da normatização do valor do fator de potência no Brasil.

A preocupação econômica, ligada diretamente às regras de tarifação da energia elétrica em cada país, induz ao investimento cada vez mais alto em melhorias do fator de potência de uma instalação elétrica. No Brasil, por exemplo, em 1966, foram estabelecidas as primeiras regras de fator de potência indutivo médio, sendo então de 0,90 para consumidores do serviço de transmissão e de 0,85 para os demais consumidores. Se o faturamento resultante ficasse abaixo do limite, seria cobrado um valor adicional por esse fator de potência indutivo. Em 1967, o limite passou a ser 0,85 para todos os níveis de tensão e a regulamentação pouco mudou nas décadas seguintes.

Em 25 de março de 1992, a Portaria do DNAEE (atualmente ANEEL) n. 085 estabeleceu um novo limite mínimo do fator de potência, aumentado para 0,92, e passou a prever a possibilidade de faturamento além do excedente indutivo pelo excedente capacitivo no período noturno para alguns consumidores (AGÊNCIA NACIONAL DE ENERGIA ELÉTRICA, 2012).

A correção do fator de potência gera muitos benefícios, por exemplo:

- **Diminuição da fatura de energia elétrica**: O fato de um consumidor estar com baixo fator de potência faz com que a companhia de energia elétrica cobre um adicional. A sua correção, portanto, deixa a fatura mais barata.
- **Diminuição das bitolas dos cabos**: A potência ativa transportada por um cabo diminui quando o fator de potência está muito longe de 1. Ou seja, para poder fornecer uma mesma potência ativa, se tivermos baixo fator de potência, precisamos de cabos com bitolas maiores.
- **Diminuição das perdas nas linhas**: Um bom fator de potência permite uma diminuição nas perdas das linhas para uma potência ativa constante.
- **Redução nas quedas de tensão**: A melhora do fator de potência diminui a energia reativa transportada, e isso diminui as quedas de tensão na linha.
- **Aumento da potência disponível**: A potência ativa disponível no secundário de um transformador aumenta à medida que o fator de potência da instalação melhora.

Fundamentos teóricos

Fator de potência

Toda máquina elétrica (motores, transformadores) alimentada por corrente alternada, utiliza duas formas de energia: 1) **energia ativa**, que corresponde à **potência ativa P** medida em kW e que se transforma integralmente em energia mecânica (trabalho útil) e em calor (perdas); 2) **energia reativa**, que corresponde à **potência reativa Q** medida em kVAr que é utilizada para criar e manter os campos magnéticos de equipamentos (transformadores, máquinas girantes).

As redes de distribuição fornecem a **energia aparente,** que corresponde à potência aparente S medida em kVA. Podemos, então, dizer que o fator de potência de uma instalação é a relação entre a potência ativa consumida pela instalação e a potência aparente fornecida à instalação, o que é igual ao cosseno do ângulo entre a potência ativa e a potência aparente, ou:

$$\cos \varphi = \frac{P}{S} = \text{Fator de potência}$$

Um fator de potência próximo de 1 otimiza o funcionamento de uma instalação. Dessa forma, fica evidente que devemos nos ocupar da defasagem entre a corrente e a tensão e que essa defasagem pode ser diferente de acordo com o tipo (resistivo, indutivo ou capacitivo) de equipamento que utilizamos.

> O fator de potência de uma instalação é a relação entre a potência ativa consumida pela instalação e a potência aparente fornecida à instalação.

Em toda instalação elétrica quando um condutor é percorrido por uma corrente elétrica há o aquecimento deste condutor. Isso ocorre em razão da resistência, que pode ser definida como o elemento que limita o fluxo de corrente em um circuito. Essa limitação pela circulação da energia elétrica é convertida em calor. A potência consumida em um circuito elétrico com resistência é dada pela fórmula

$$P(\text{watts}) = R(\text{ohms}) \times I^2 (\text{ampères})$$

> Resistência é o elemento que limita o fluxo de corrente em um circuito.

>> Indutância e capacitância

Temos, ainda, conforme as características dos equipamentos:

Indutância: Podemos, de forma resumida, definir a indutância em um sistema elétrico como o elemento que se opõe às variações de fluxo de corrente, armazena energia em um campo magnético quando a corrente cresce e devolve energia quando a corrente decresce.

Capacitância: é a propriedade dos circuitos elétricos de armazenar energia elétrica em um meio isolante. Em circuitos contendo capacitância, a corrente necessária para carregar o dielétrico varia em função da variação da tensão.

Como vimos, o efeito da indutância em um sistema elétrico é retardar as variações de corrente. Assim, dizemos que a corrente está atrasada em relação à tensão quando nosso circuito for predominantemente indutivo. No caso da capacitância, a taxa de variação da tensão é que nos dá a característica do circuito. Dizemos, então, que a corrente está adiantada em relação à tensão. Em circuitos puramente resistivos, a corrente varia de forma proporcional à tensão ($V=RI$). Nesse caso temos, então, a corrente em fase com a tensão.

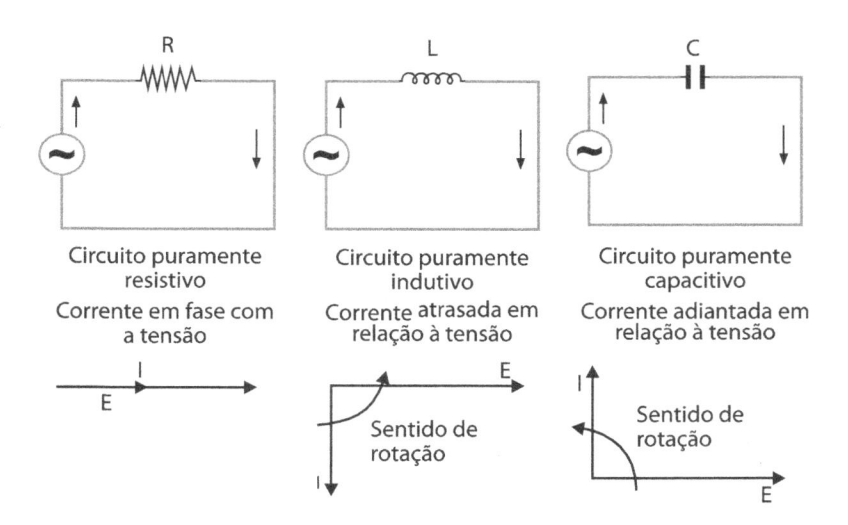

Figura 12.1 >> Defasagem entre tensão e corrente em circuitos resistivos, capacitivos e indutivos.

Concluímos, então, que a indutância e a capacitância têm efeitos contrários em um sistema elétrico.

>> Reatâncias indutiva e capacitiva

A oposição que o indutor faz às variações de fluxo de corrente é medida pela **reatância indutiva – X_L**. O valor da reatância indutiva é diretamente proporcional à indutância **L** (henrys) e à frequência **f** da corrente.

A unidade de reatância indutiva é medida em ohms e é calculada com a seguinte fórmula:

$$X_L = 2\pi \times f \times L \text{, para o 60 Hz teremos } X_L = 377 \times L$$

A medida da oposição que o capacitor oferece à variação da corrente é dada pela sua **reatância capacitiva** (X_c). O valor da reatância capacitiva é inversamente proporcional à capacitância **C** (faraday) e à frequência **f** da corrente.

A unidade de reatância capacitiva é medida em ohms, e é calculada da seguinte forma:

$$X_c = \frac{1}{2\pi \times f \times C} \text{, para o 60 Hz teremos } X_c = \frac{1}{377 \times C}$$

» Impedância

Todos os sistemas elétricos possuem resistências, reatâncias indutivas e reatâncias capacitivas e, obviamente, os efeitos das três irão afetar os fluxos de corrente no sistema. O efeito de R, X_L e X_C é chamado de **impedância** e notado pela letra Z, que é a soma algébrica das três grandezas e medida em ohms.

$$Z = R + J (X_L - X_c) \text{ (ohms)}$$

Obs: j é igual à raiz quadrada de -1.

» Potências

Em um circuito elétrico, a potência instantânea absorvida pela carga pode ser expressa pelo produto da corrente, pela tensão ou por $P = v \times i$. Já em corrente alternada, as grandezas senoidais são representadas por:

$$v = \sqrt{2} \times U \times \text{sen}\omega \times t \quad \text{e} \quad I = \sqrt{2} \times I \times \text{sen}(\omega \times t - \emptyset)$$

Em que:

- U = valor eficaz da tensão
- I = valor eficaz da corrente

Logo, podemos escrever a potência como:

$$P = (\sqrt{2} \times u \times \text{sen}\omega \times t) \times (i = \sqrt{2} \times i \times \text{sen}(\omega \times t - \emptyset))$$
$$P = U \times I \cos \emptyset - U \times I \cos (\omega \times t - \emptyset)$$

Portanto, percebemos que a potência instantânea é dividida em duas parcelas: a primeira, que corresponde à potência instantânea e é sempre fornecida a carga, é chamada de **potência ativa**; e a segunda, que é a potência que não chega à carga mas é trocada entre as reatâncias indutivas e capacitivas, é chamada de **potência reativa**. Podemos, então, representar a potência por:

$$S = P + JQ$$

Em que:

- S = potência aparente em VA
- P = potência ativa em W
- Q = potência reativa VAr

Podemos, agora, calcular a potência em função de uma carga que seja representada por uma impedância:

$$Z = R + jX = Z\cos\emptyset + jZ\,\text{sen}\,\emptyset$$

$$U = Z \times I$$

$$S = ZI^2$$

$$S = P + jQ = RI^2 + jXI^2$$

$$P = RI^2 \quad e \quad Q = XI^2$$

Como pode ser visto no diagrama de impedâncias, representado na Figura 12.2.

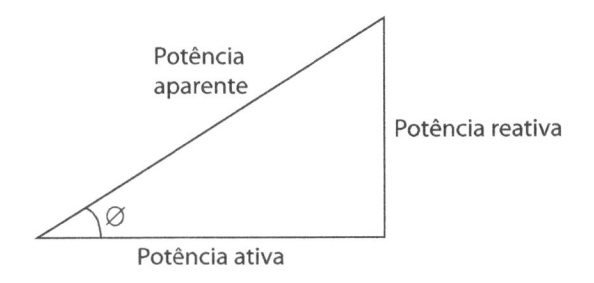

Figura 12.2 >> Triângulo das potências.

O fator de potência de um circuito fica, então, determinado por:

$$Fp = \cos\emptyset = \frac{\text{Potência ativa (W)}}{\text{Potência aparente (VA)}}$$

>> Significado do fator de potência

A circulação de energia reativa cria importantes problemas técnicos e econômicos. De fato, para uma mesma potência ativa P, a Figura 12.3 a seguir mostra que precisamos fornecer tanto mais potência aparente, e então corrente, quanto maior a potência reativa ou menor o fator de potência (mais próximo do zero).

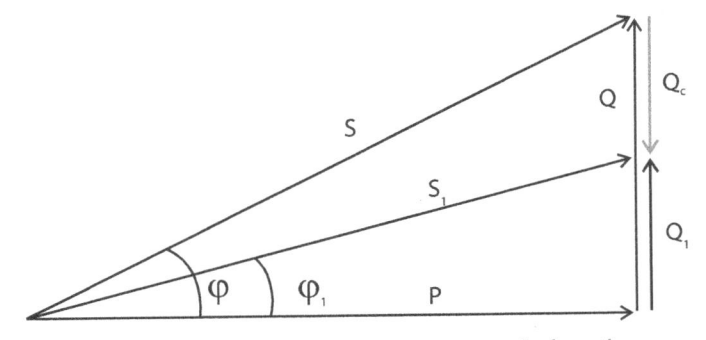

Figura 12.3 >> Triângulo das potências com compensação de reativos.

Como mostra a Figura 12.3, ao realizar uma compensação na potência reativa (Q_c), menos potência aparente (S_1) é necessária para manter a potência ativa (P) igual. Ou seja, é preciso menos corrente, evitando, dessa forma, sobrecargas nos transformadores, aquecimento nos cabos de alimentação, diminuição de perdas suplementares e quedas de tensão.

Note que o fator de potência ou $\cos \varphi$ é menor que o $\cos \varphi_1$, ou matematicamente:

$$\cos \varphi_1 > \cos \varphi$$

A potência reativa de compensação na Figura 12.3 pode ser calculada pela expressão $Q_c = P (\operatorname{tg} \varphi - \operatorname{tg} \varphi_1)$.

>> Melhora do fator de potência

A compensação de baixo fator de potência é feita com a utilização de capacitores tanto em baixa como em alta tensão. Esses capacitores podem ter valores fixos ou variáveis. Os variáveis, de forma automática, corrigem o fator de potência pelo monitoramento constante do sistema ao qual estão instalados, e podem realizar a correção do baixo fator de potência de quatro maneiras:

1. Compensação total na entrada em alta tensão
2. Compensação total na entrada em baixa tensão
3. Compensação parcial
4. Compensação individual

A escolha do meio de correção dependerá dos custos e dos benefícios pretendidos.

A **compensação total na entrada em alta tensão** realiza a correção do fator de potência que é medido pela empresa fornecedora de energia. Desta forma, todos os problemas criados pelo baixo fator de potência, internamente à instalação, continuam a existir. E como se trata de alta tensão, o custo é bem elevado.

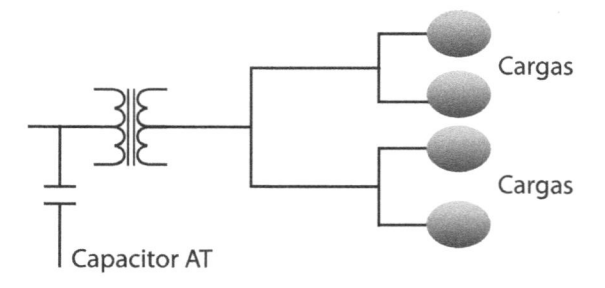

Figura 12.4 >> Representação de compensação total na entrada em alta tensão.

Na correção por **compensação total na entrada em baixa tensão**, normalmente são utilizados os capacitores variáveis ou automáticos empregados quando se tem cargas muito diferentes em uma mesma instalação. Custo elevado e alguns dos inconvenientes anteriormente citados continuarão a existir.

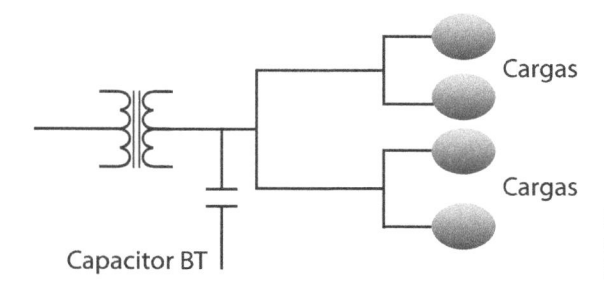

Figura 12.5 >> Representação de compensação total na entrada em baixa tensão.

Na **compensação parcial**, a compensação é realizada em conjuntos de cargas, em função de suas características.

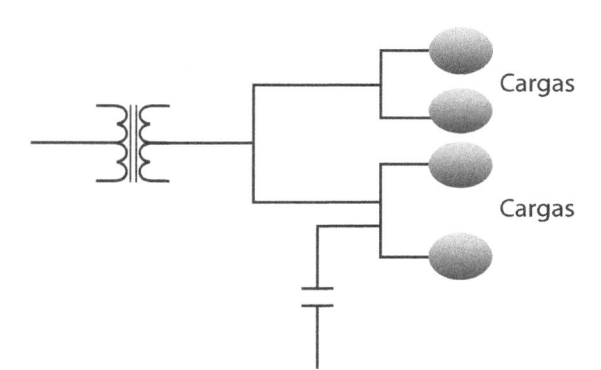

Figura 12.6 >> Representação de compensação parcial.

Na **compensação individual**, a compensação é realizada em cada carga do sistema.

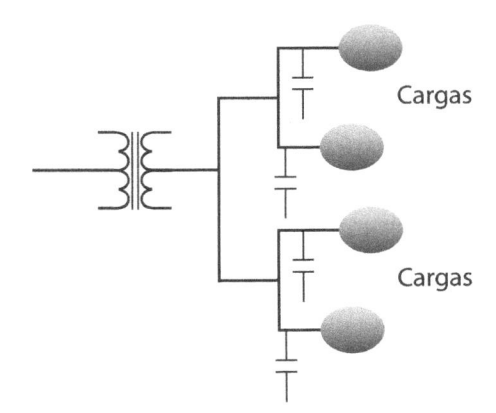

Figura 12.7 >> Representação de compensação individual.

Como vimos, devemos estar atentos à localização dos capacitores, pois, por exemplo, se tivermos uma carga instalada de 500 kW com fator de potência 0,5, precisaremos de um transformador de 1.000 kVA para suprir essa carga. Da mesma forma, a bitola dos condutores utilizadas em sistemas com baixos fatores de potência pode aumentar muito. Por exemplo: com fator de potência 1, podemos utilizar para uma determinada carga um condutor de 1mm². Com essa mesma carga, mas com fator de potência de 0,70, necessitamos de um condutor de 2 mm². É preciso, portanto, aumentar a bitola do condutor à medida que o fator de potência diminui.

>> Cálculo da potência reativa de compensação

Para compensarmos o baixo fator de potência, podemos calcular os reativos necessários utilizando a seguinte fórmula:

$$Q_c = P \times (\tan \varphi_{medida} - \tan \varphi_{desejada})$$

Com esta fórmula, podemos realizar os cálculos a partir da medição do fator de potência da instalação, medindo o cos φ e calculando a tan φ.

Se tivermos uma instalação com fator de potência cos φ = 0,68, teremos uma tan φ = 1,08. Para chegarmos a esse resultado, realizamos as seguintes operações matemáticas:

Cos φ = 0,68, logo cos⁻¹ φ = 47,16, ou seja, o cosseno de 0,68 corresponde a um ângulo de 47,16°.

A partir desse cálculo, determinamos a tangente do ângulo, ou seja: tan 47,18° = 1,08.

Da mesma forma, determinamos a tangente do ângulo de correção desejado.

Vamos acompanhar um exemplo completo:

Uma carga P = 612 kW tem fator de potência de 0,68, que desejamos corrigir para 0,93.

Cos φ = 0,68 será um ângulo, como já vimos, de 47,16°, logo, sua tangente será tan 47,18° = 1,08.

Queremos a correção para 0,93, ou cosφ = 0,93, que corresponde a um ângulo cos⁻¹ 0,93 = 21,56°. Então, tan 21,56°= 0,39. Colocando os dados na fórmula inicial, temos:

$$Qc = P \times (\tan \varphi_{medida} - \tan \varphi_{desejada})$$
$$Q_c = 612 \times (1,08 - 0,39) = 612 \times 0,69 = 422,28 \text{ kVAr}$$
$$Qc = 422,28 \text{ kVAr}$$

Assim, teríamos o montante de reativo necessário para a correção de nossa instalação.

>> Atividades

1. O que é fator de potência?

2. Entre as alternativas abaixo, qual é a forma de compensação realizada em conjuntos de cargas?

   (A) Compensação total na entrada em alta tensão

   (B) Compensação total na entrada em baixa tensão

   (C) Compensação parcial

   (D) Compensação individual

3. Qual o efeito de indutâncias e capacitâncias em um Sistema Elétrico?

4. Cite pelo menos 3 benefícios que ocorrem em uma instalação elétrica quando realizamos a correção do fator de potência.

5. No triângulo de potências abaixo, o que representa cada lado do triângulo? Onde identificamos e como calculamos o fator de potência?

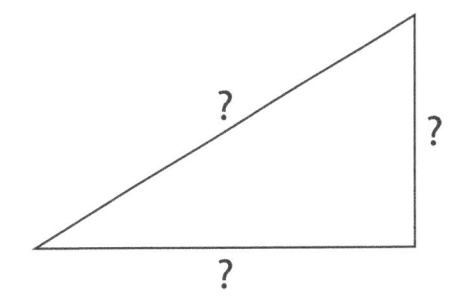

6. No triângulo de potências da questão anterior, como podemos demonstrar que a correção do fator de potência melhora nossa entrega de potência ativa ao Sistema?

7. Em um sistema elétrico, temos uma potência instalada de P = 450 kW e um fator de potência de 0,72. Queremos corrigir este fator de potência para 0,92. Quanto de reativo é necessário?

CAPÍTULO 13

Segurança em instalações elétricas

A necessidade de melhorar as condições de trabalho e garantir maior segurança a trabalhadores de diversas áreas leva a constantes adaptações de leis e regulamentos. Não é diferente para aqueles que trabalham com eletricidade. Neste capítulo vamos indicar onde você deve buscar esse tipo de informação no Brasil.

OBJETIVOS DE APRENDIZAGEM

» Sintetizar o que é segurança em instalações elétricas, apresentando as principais normas vigentes no Brasil.

A necessidade de reduzir a quantidade de acidentes em eletricidade levou a alterações na NR-10 (BRASIL, 2004a), norma que tratava de instalações e serviços em eletricidade. Ela foi modificada por meio de portaria 598 do Ministério do Trabalho e Emprego, em 7 de dezembro de 2004 (BRASIL, 2004b), e recebeu o acréscimo da palavra segurança em seu título, demonstrando assim a ênfase nessa questão.

A existência de norma regulamentadora para serviços em eletricidade é plenamente justificável dado o risco existente na atividade, que pode variar, em caso de acidente, de uma parada respiratória até a fibrilação cardíaca.

A validade da NR-10 está garantida pela Consolidação das Leis do Trabalho (BRASIL, 1943) que, em seus artigos de 179 a 181, atribui ao Ministério do Trabalho e Emprego a competência de elaboração de normas preventivas e garante que somente o profissional qualificado poderá instalar, operar, inspecionar ou reparar instalações elétricas.

A Portaria 598 (BRASIL, 2004b), que alterou a NR-10, tem quatro artigos e quatro anexos, que são:

10.1 – Objetivos e Campo de Aplicações

10.2 – Medidas de Controle

10.3 – Segurança em Projetos

10.4 – Segurança na Construção, Montagem, Operação e Manutenção

10.5 – Segurança em Instalações Elétricas Desenergizadas

10.6 – Segurança em Instalações Elétricas Energizadas

10.7 – Trabalhos envolvendo Alta Tensão

10.8 – Habilitação, Qualificação, Capacitação e Autorização dos Trabalhos

10.9 – Proteção contra Incêndio e Explosão

10.10 – Sinalização de Segurança

10.11 – Procedimentos de Trabalho

10.12 – Situação de Emergência

10.13 – Responsabilidades

10.14 – Disposições Finais

Na sua continuação, a portaria traz um glossário de termos técnicos e outros três anexos que tratam de zonas de riscos e zona controlada, treinamentos e prazos para cumprimento dos itens da NR-10.

É importante ressaltar que a NR-10 não é uma norma que deva ser aplicada de forma isolada, pois diversos tópicos e subtópicos estão relacionados a outras normas específicas da ABNT, ou mesmo a outras normas regulamentadoras. Como exemplo, citamos:

- No tópico 10.2 de Medidas de Controle, subtópico 10.2.4, item b, a norma prevê a necessidade de *documentação das inspeções e medições do sistema de proteção contra descargas atmosféricas e aterramentos elétricos*. A esse respeito existe uma norma específica da ABNT, a NBR 5.419/2005, que trata dos Sistemas de Proteção de Descargas Atmosféricas. Portanto, para que se possa cumprir o que prescreve a NR-10 é necessário o conhecimento da NBR 5.419 (ASSOCIAÇÃO BRASILEIRA DE NORMAS TÉCNICAS, 2005a).

- Da mesma forma, no item c do subtópico citado anteriormente, consta a *especificação dos equipamentos de proteção coletiva e individual e o ferramental, aplicáveis conforme determina a NR*. A NR-6 (BRASIL, 1978) é da competência dos Serviços Especializados em Engenharia e Medicina do Trabalho das empresas ou, quando esse órgão não existir, cabe à Comissão Interna de Prevenção de Acidentes (CIPA) recomendar ao empregador qual ou quais os EPIs adequados a serem utilizados.

Por isso, ressaltamos novamente a necessidade de se remeter constantemente a outras normas para a correta utilização da NR-10, que você encontra facilmente no site do Ministério do Trabalho, no endereço http://www.mtps.gov.br/images/Documentos/SST/NR/NR10.pdf (acessado em 29/04/2016).

CAPÍTULO 14

Eficiência energética

>> O desenvolvimento de ações visando à eficiência energética é de extrema importância na atualidade. Existe um grande número de equipamentos em residências, na indústria e no comércio que se alimentam de energia elétrica, o que aumenta a demanda por um recurso que tem alto custo de geração e distribuição. Com o intuito de incentivar e regulamentar ações no sentido de aumentar a eficiência energética, o governo brasileiro criou normas e projetos que abrangem desde as concessionárias de energia até as fabricantes de material elétrico.

OBJETIVOS DE APRENDIZAGEM

- » Sintetizar o conceito de eficiência energética, bem como seus efeitos.
- » Descrever os programas do governo que regulamentam as ações para o aumento da eficiência energética no país.

O consumo de energia elétrica tem aumentado, exigindo por parte das concessionárias medidas que permitam atender à demanda. Gerar mais energia tem um custo muito elevado e que envolve toda a cadeia, até o consumidor final. Assim, uma das saídas está no consumo racional, não só de energia, mas de bens que dependem de energia elétrica para sua geração, como água, gás, papel, alimentos, entre outros.

>> Conceito

É preciso ter em mente que, caso não sejam estabelecidas formas de economizar energia elétrica, seu consumo desordenado levará a um aumento de tarifa e, em caso extremo, ao racionamento. Com isso, temos o surgimento de um termo muito discutido nos dias atuais: **eficiência energética**.

A eficiência energética consiste na utilização da energia de forma racional, evitando desperdícios, promovendo a melhoria no processo de produção de bens de consumo com o menor gasto de energia. A eficiência energética visa minimizar um possível racionamento no suprimento de água e energia, assim como diminuir os custos operacionais desses insumos.

> Podemos definir eficiência energética como a atividade técnico-econômica que visa proporcionar um consumo otimizado de água e energia.

>> Eficiência energética nas instalações elétricas

Nossa atenção está voltada para a eficiência energética das instalações elétricas, assunto deste livro. Essa otimização de consumo pode ser alcançada em todos os níveis da sociedade: na indústria, nas residências e no comércio. Uma racionalização dentro das residências, por exemplo, consiste na troca das lâmpadas incandescentes por lâmpadas LED e na diminuição do consumo do chuveiro elétrico.

No Brasil, os Ministérios de Minas e Energia, Ciência e Tecnologia e Indústria e Comércio publicaram no Diário Oficial da União uma portaria solicitando que até 2016 fossem retiradas do mercado as lâmpadas incandescentes com potência superior a 40 W (BRASIL, 2010). Essa decisão foi tomada com base no fato de que uma lâmpada incandescente possui um aproveitamento (energia que é transformada em luz) muito baixo: apenas 8% de toda energia elétrica consumida é transformada em luz; o restante é transformado em calor e consumida pelo meio ambiente. Em comparação com a lâmpada fluorescente compacta, equivalente à lâmpada incandescente de mesma potência, esse aproveitamento é de 34%.

O fator preponderante, em relação à substituição das lâmpadas incandescentes por outros modelos mais econômicos, é o custo de cada modelo de lâmpada. Com a proibição de fabricação das lâmpadas incandescentes, a substituição se torna obrigatória. Na Tabela 14.1, é possível verificar a economia de energia proporcionada por alguns tipos de lâmpadas, comparadas com as lâmpadas de LED.

Tabela 14.1 >> **Comparativo entre as lâmpadas**

Lâmpada	Potência (W)	Economia (%)
Dicroica halogênio	50	82
Dicroica LED	9	
Fluorescente tubular	62	58
Fluorescente LED	26	
Econômica	60	78
LED	26	

Atualmente, a substituição de lâmpadas incandescentes por suas correspondentes fluorescentes econômicas já é economicamente viável. Na Tabela 14.2, há uma comparação do consumo de energia entre as lâmpadas incandescentes, econômicas e LED.

Tabela 14.2 >> **Equivalência entre as lâmpadas**

Incandescente (W)	Econômica (W)	LED (W)
40	11	5
60	15	7
80	20	10
100	25	12
120	40	15
150	60	20
250	80	30

Além dos fatores potência e preço, também é necessário considerar a vida útil das lâmpadas. Uma lâmpada incandescente possui uma vida útil superior a 1.000 horas, ao passo que uma lâmpada econômica tem uma vida útil superior a 6.000 horas e uma de LED, superior a 50.000 horas.

Medidas de redução de custos

A fim de ilustrar a importância e a necessidade da redução de custos operacionais e otimizar o consumo de energia elétrica, a Aneel lançou, em 2008, o Programa de Eficiência Energética (PEE), revisado em 2013 (AGÊNCIA NACIONAL DE ENERGIA ELÉTRICA, 2013). Nele, os contratos de concessão firmados pelas empresas concessionárias do serviço público de distribuição de energia elétrica estabelecem obrigações e encargos perante o poder concedente.

Entre as obrigações estipuladas pelo PEE, está a aplicação anual do montante de, no mínimo, 0,5% de receita operacional líquida das concessionárias de energia em ações que tenham objetivo de combater o desperdício de energia elétrica.

Para o cumprimento dessa obrigação, as distribuidoras devem apresentar à Aneel, a qualquer tempo, por meio de arquivos eletrônicos, projetos de eficiência energética e combate ao desperdício de energia elétrica. Segundo os documentos da agência, o objetivo do PEE é promover o uso eficiente e racional de energia elétrica em todos os setores da economia, por meio de projetos que demonstrem a importância e a viabilidade econômica de ações de combate ao desperdício e de melhorias da eficiência energética de equipamentos, processos e usos finais de energia (AGÊNCIA NACIONAL DE ENERGIA ELÉTRICA, 2016)[1].

Para alcançar esse objetivo, busca-se maximizar os benefícios públicos da energia economizada e da demanda evitada no âmbito desses programas. O que se procura é a transformação do mercado de energia elétrica, estimulando o desenvolvimento de novas tecnologias e a criação de hábitos e práticas racionais de uso da energia elétrica.

A Tabela 14.3 a seguir demonstra os investimentos realizados no PEE no período de 2008 a maio de 2015.

Tabela 14.3 >> **Investimento realizado no PEE**

Tipologia	Quantidade de projetos	Energia economizada (GWh/ano)	Demanda retirada da ponta (MW)	Investimento total (milhões R$)
Aquecimento solar	41	23,65	15,59	74,77
Baixa renda	421	2.285,15	858,55	2.535,02
Cogeração	7	146,19	16,50	141,20
Comércio e serviços	190	81,24	22,50	99,36
Educacional	73	5,81	1,68	165,16
Gestão energética municipal	13	0,00	0,00	9,24
Iluminação pública	2	2,75	0,52	4,36
Industrial	51	153,08	9,77	86,56

1 Disponível em: <http://www.aneel.gov.br/>.

Tipologia	Quantidade de projetos	Energia economizada (GWh/ano)	Demanda retirada da ponta (MW)	Investimento total (milhões R$)
Pelo lado da oferta	1	0,48	0,32	5,56
Poder público	397	372,27	80,06	442,09
Projeto piloto	19	56,95	15,41	56,54
Residencial	96	612,68	190,56	451,83
Rural	57	32,17	16,61	24,17
Serviços público	132	127,14	28,31	136,18
Total geral	1.500	3.900	1.256	4.232

Fonte: Agência Nacional de Energia Elétrica (2016).

Além do PEE, o governo já havia criado, em 1985, o Programa Nacional de Conservação de Energia Elétrica (Procel), com o intuito de promover a eficiência energética, estabelecendo limites de conservação de energia a serem consideradas no planejamento do setor elétrico. Esse programa é coordenado pelo Ministério de Minas e Energia e executado pela Eletrobrás.

Segundo o *site* do Procel (CENTRO BRASILEIRO DE INFORMAÇÃO DE EFICIÊNCIA ENERGÉTICA, c2006), suas ações visam contribuir para o aumento da eficiência dos bens e serviços, o desenvolvimento de hábitos e conhecimentos sobre o consumo eficiente da energia e postergar investimentos no setor elétrico, diminuindo, assim o impacto ambiental e colaborando para um Brasil mais sustentável.

O Procel tem atuação nas seguintes áreas:

- Equipamentos: identificação, por meio do selo Procel, dos equipamentos e eletrodomésticos mais eficientes, induzindo o desenvolvimento e aprimoramento tecnológico dos produtos disponíveis no mercado brasileiro.

- Edificações: promoção do uso eficiente de energia no setor de construção civil, em edificações residenciais, comerciais e públicas, por meio da disponibilização de recomendações especializadas e simuladores.

- Iluminação pública (Reluz): apoio a prefeituras no planejamento e implantação de projetos de substituição de equipamentos e melhorias na iluminação pública e na sinalização semafórica.

- Poder público: ferramentas, treinamento e auxílio no planejamento e implantação de projetos que visam o menor consumo de energia em municípios e o uso eficiente de eletricidade e água na área de saneamento.

- Indústria e comércio: treinamentos, manuais e ferramentas computacionais voltados para a redução do desperdício de energia nos segmentos industrial e comercial, com a otimização dos sistemas produtivos.
- Conhecimento: elaboração e disseminação de informação qualificada em eficiência energética, seja por meio de ações educacionais no ensino formal ou da divulgação de dicas, livros, *software* e manuais técnicos.

No *site* do Procel (CENTRO BRASILEIRO DE INFORMAÇÃO DE EFICIÊNCIA ENERGÉTICA, c2006), verificamos que, de acordo com os resultados acumulados no período de 1986 a 2014, a economia total obtida foi de 80,6 bilhões de kWh. Os ganhos energéticos anuais mais recentes podem ser verificados na Figura 14.1.

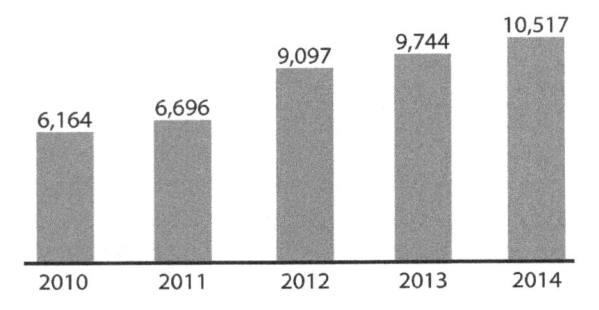

Ano	Bilhões de kWh
2010	6,164
2011	6,696
2012	9,097
2013	9,744
2014	10,517

Figura 14.1 >> Economia de energia no Brasil entre 2010 e 2014 (bilhões de kWh).

O selo Procel é uma ferramenta simples e eficaz que permite ao consumidor conhecer, entre os equipamentos e eletrodomésticos à disposição no mercado, os mais eficientes e que consomem menos energia. Essa medida já vem sendo adotada nos equipamentos eletrodomésticos, que levam o selo de forma clara e visível (Figura 14.2).

Figura 14.2 >> Selo Procel.
Fonte: Centro Brasileiro de Informação de Eficiência Energética (c2006)

>> Atividades

1. Com base no que você acabou de ler neste capítulo, defina eficiência energética.

2. Qual a vantagem da substituição das lâmpadas incandescentes pelas lâmpadas LED?

3. Programa coordenado pelo Ministério de Minas e Energia e executado pela Eletrobrás, no sentido de promover o uso eficiente da energia elétrica e combater o seu desperdício. Entre as alternativas a seguir, qual indica o nome do programa descrito na frase que você acabou de ler?

(A) Aneel

(B) Reluz

(C) Procel

(D) PEE

CAPÍTULO 15

Projeto elétrico

>>

A maioria das coisas que fazemos exige um planejamento anterior. Desde uma simples ida ao cinema, em que precisamos pesquisar os filmes em cartaz, o horário da sessão, quando teremos de sair de casa, tipo de transporte a ser usado, quanto dinheiro levar, até situações bem mais complexas, como uma viagem de férias com a família.

Com isso em mente você pode muito bem avaliar a importância de um bom planejamento na hora de fazer uma instalação elétrica. Antes de começar, é necessário saber quais e quantos equipamentos serão instalados: teremos ar-condicionado, chuveiro elétrico, geladeira, freezer, máquina de lavar roupas? Também é importante estimar possibilidades futuras, como o acréscimo de mais aparelhos. Isto levará a um projeto bem pensado e realizado de forma correta.

OBJETIVOS DE APRENDIZAGEM

» Explicar o que é um projeto elétrico e qual a sua importância na execução de uma obra.
» Descrever as partes de um projeto elétrico e suas funções.
» Compreender a importância de uma anotação de responsabilidade técnica (ART), seus tipos e sua aplicação na execução de uma obra.
» Elaborar o projeto de instalação elétrica de uma residência padrão, abordando todas as ferramentas apresentadas nos capítulos anteriores.

Planejar é criar um plano para alcançar um determinado objetivo. Todo e qualquer **projeto** que se queira executar requer **planejamento**, mesmo que seja em forma de rascunho. Uma instalação elétrica, por exemplo, mesmo simples, necessita de um projeto, croqui ou desenho para que seja executada com segurança e de forma correta.

O **projeto elétrico** consiste na definição de tubulações, fiações, tomadas, lâmpadas, interruptores, dispositivos de proteção (disjuntores), pontos de telefone e pontos de antena. Neste capítulo veremos alguns itens que devem ser observados durante um projeto de instalação elétrica. Concluiremos com o exemplo de um projeto em uma residência composta de quatro quartos, cozinha, banheiro, copa, sala de estar, lavanderia e garagem.

Partes de um projeto

Um projeto elétrico deve se basear em alguns itens que visam oferecer ao seu autor e, principalmente, ao seu executor, etapas a serem seguidas, evitando que problemas indesejados venham a ocorrer.

Por isso, apresentamos algumas etapas que irão nortear o projeto, tanto para o projetista como para seu cliente e seu executor.

Lembre-se que, de acordo com o Código Civil Brasileiro, ninguém pode alegar desconhecimento da lei ao cometer erros que coloquem em risco vidas humanas e a segurança.

ART

A **ART** é a Anotação de Responsabilidade Técnica de Obras e Serviços, instituída pelo Crea – Conselho Regional de Engenharia e Agronomia, por meio da Lei n° 6.496, de 7 de dezembro de 1977 (BRASIL, 1977).

O Crea estabelece que todos os contratos referentes à execução de serviços ou obras de engenharia, agronomia, geologia, geografia ou meteorologia devem ser objeto de uma ART.

A Resolução n° 1.025 (CONSELHO FEDERAL DE ENGENHARIA E AGRONOMIA, 2009) estabelece que fica sujeito à ART no Crea todo o contrato relativo a execução de obras ou prestação de serviços nas áreas de engenharia, agronomia, geologia, geografia ou meteorologia, assim como todo profissional no desempenho de cargo ou função que exerça atividades que exigem habilitação legal e conhecimentos técnicos nessas áreas.

A ART auxilia os profissionais no exercício de sua profissão, identificando o responsável técnico pela obra por meio do registro na Certidão de Acervo Técnico do Crea. Dessa forma, profissionais e sociedade podem se proteger de profissionais não habilitados. O registro da ART também proporciona segurança técnica e jurídica ao contratante dos serviços. Mesmo que o profissional trabalhe para uma empresa, com vínculo empregatício ou como autônomo, a ART é incorporada ao CAT – Certidão de Acervo Técnico do profissional.

A ART poderá ser registrada em formulário eletrônico, no *site* do Crea, registrando os dados do contrato estabelecido entre o profissional responsável pelo projeto e seu cliente. Cabe ao emissor registrar os dados no formulário da ART e à instituição/empresa o seu pagamento, com valores definidos pelo Confea.

> A ART (Anotação de Responsabilidade Técnica de Obras e Serviços) instituída pelo Crea (Conselho Regional de Engenharia e Agronomia), por meio da Lei n° 6.496, de 7 de dezembro de 1977, tem como objetivo assegurar que o profissional responsável por um projeto, seu executor e seu cliente estejam protegidos e executem de forma adequada qualquer tipo de obra.

Tipos de ART

Uma ART pode ser classificada de três formas:

1. **ART de obra ou serviço**: relativa à execução de obras ou prestação de serviços não cobertos pelas profissões determinadas pelo Crea/Confea.

2. **ART de obra ou serviço de rotina**: relativa à execução de obras ou prestação de serviços de vários contratos em um determinado período, também chamada de ART múltipla.

3. **ART de cargo ou função técnica**: relativa ao vínculo de pessoa jurídica para o desempenho de função técnica ou cargo.

Formas de registro da ART

A ART tem três formas de registro:

1. **ART inicial**: deve ser registrada antes do início da atividade, e é utilizada para registrar o contrato de prestação de serviços técnicos ou execução de obras entre o executor e seu cliente.

2. **ART complementar**: trata-se de uma continuidade da ART inicial. Utilizada quando o executor é o mesmo, mas são necessárias alterações, como ampliação da obra ou da atividade contratada, alteração do valor do contrato ou do prazo de execução. Pode ser utilizada, também, caso se deseje especificar atividades técnicas que não alterem o projeto inicial.

3. **ART de substituição**: utilizada quando houver correção de dados do projeto e de preenchimento da ART inicial pelo mesmo profissional que deu entrada na ART inicial.

Participação técnica na ART

No que se refere à participação técnica, uma ART pode ser:

- **ART individual**: quando o serviço for desenvolvido por um único profissional.

- **ART de coautoria**: quando o serviço é desenvolvido por mais de um profissional, porém com atividade técnica caracterizada como intelectual.

- **ART de corresponsabilidade**: utilizada para indicar que uma atividade técnica executiva, de contrato único, é desenvolvida por mais de um profissional com a mesma competência.
- **ART de equipe**: quando diversas atividades complementares de um contrato único são executadas em conjunto por profissionais com competências diferentes.

>> Memorial descritivo

O **memorial descritivo** tem como objetivo apresentar a descrição dos materiais a serem utilizados, das etapas do projeto a serem seguidas e, se necessário, da forma como serão implementadas as soluções, além de indicar o uso correto dos equipamentos e componentes. A seguir, veremos um exemplo de todos os materiais necessários a uma determinada instalação elétrica, bem como a forma de instalação de cada um deles.

Iluminação: composta por lâmpadas do tipo fluorescente para cozinha e área de serviço com luminária tipo calha, de sobrepor, com reator de partida rápida e lâmpada fluorescente 2x20w, completa. A iluminação dos quartos será com refletor de embutir para fixação de lâmpada econômica de 15 W.

Fios e cabos: serão utilizados fios e cabos de cobre, com área de seção transversal (bitola) mínima de 1,5 mm^2 para iluminação e de 2,5 mm^2 em tomadas de uso geral (TUG). O isolamento será para 750 V, tipo termoplástico. As emendas dos condutores serão isoladas com fita isolante de PVC, antichamas, com proteção UV (ultravioleta), alta rigidez dielétrica e flexibilidade. Em casos mais específicos será utilizada fita isolante de autofusão.

Deverão ser descritos, ainda, todos os serviços a serem executados e o tipo de profissional que executará cada um, bem como a documentação exigida, que será de responsabilidade do proprietário da obra e do seu executor.

>> Memorial de cálculo

No **memorial de cálculo**, devem ser apresentados todos os cálculos necessários ao perfeito dimensionamento de fios, cabos, eletrodutos, tomadas, interruptores e demais materiais necessários. Todo o material de apoio aos cálculos deve ser anexado ao memorial de cálculo, incluindo folhetos, catálogos e tabelas utilizadas.

Devem ser efetuados os seguintes dimensionamentos básicos:

- previsão de cargas;
- demanda provável;
- dimensionamento de condutores;
- dimensionamento de eletrodutos;
- dimensionamento de dispositivos de proteção.

>> Plantas e prumadas

Todos os projetos elétricos devem ter como base as **plantas** e **prumadas** da obra, que informarão a localização correta dos quadros, dos interruptores, das tomadas e de todos os equipamentos a serem instalados.

Com as plantas de uma obra é possível efetuar os cálculos de toda a instalação elétrica, localizando de forma correta componentes e equipamentos utilizados. É sobre as plantas e prumadas que serão traçados todos os percursos dos eletrodutos necessários.

No caso de edifícios, nas prumadas do projeto arquitetônico são indicadas as localizações dos cabos alimentadores dos apartamentos e das cargas do condomínio e dos elevadores.

>> Entrada de energia elétrica

A **entrada de energia elétrica** é um item muito importante, pois envolve desde a entrada de fornecimento da concessionária de energia até a colocação dos cabos que irão alimentar os quadros de distribuição dentro da obra.

O dimensionamento correto da entrada de energia parte do conhecimento da demanda de energia que a futura construção terá. Para tanto, é preciso considerar a soma das demandas individuais dos aparelhos, multiplicada pelo respectivo fator de simultaneidade.

A padronização de entrada de energia elétrica para unidades consumidoras de baixa tensão deve obedecer às especificações estabelecidas pelas concessionárias.

Antes de fazer a carta de solicitação, é aconselhável entrar em contato com a concessionária, pessoalmente ou por meio eletrônico, solicitando a norma a ser utilizada como objeto de consulta.

>> Carta de solicitação à concessionária

Geralmente, a solicitação de energia elétrica é feita por meio de um documento denominado **carta de solicitação à concessionária**. Dela devem fazer parte todos os requisitos técnicos necessários para a execução da instalação de entrada de energia elétrica dentro dos padrões estabelecidos.

As concessionárias têm padrões próprios; por isso, é de suma importância a consulta à agência local em busca do modelo e das regras básicas que norteiam o preenchimento da carta de solicitação à concessionária.

Exemplo de projeto

Vamos agora colocar em prática o que acabamos de ver, neste e nos capítulos anteriores deste livro. Vamos fazer o projeto de instalação elétrica de uma residência padrão. Consideraremos a planta baixa de uma residência composta de quatro quartos, cozinha, banheiro, copa, sala de estar, lavanderia e garagem. Todos os conceitos que serão abordados neste capítulo seguem a norma NBR 5410/2004 (ASSOCIAÇÃO BRASILEIRA DE NORMAS TÉCNICAS, 2004a). Também alertamos que as marcas aqui mencionadas servem apenas como exemplo do nosso projeto. Produtos de outros fabricantes poderão ser utilizados, sempre com o cuidado de consultar os respectivos catálogos e seguir as recomendações e especificações ali descritas.

No caso do nosso exemplo, o **memorial descritivo** informará o que segue:

Iluminação: a iluminação da cozinha será composta de duas lâmpadas econômicas de 20 W, instalada em *plafon* de 30 cm com espelho fosco, fixado no teto (Figura 15.1A). Os quartos contarão com duas lâmpadas LED de 11 W, instaladas em *spot* de alumínio, fixados no teto (Figura 15.1B). A garagem terá uma lâmpada LED de 6 W, instalada em *plafonier* termoplástico fixado no teto (Figura 15.1C). Na lavanderia irão duas lâmpadas LED de 6 W, instaladas em *plafonier* termoplástico fixados no teto (Figura 15.1C). A sala de estar e a copa serão iluminadas com duas lâmpadas LED de 15 W, instaladas em *plafon* de 40 cm, quadrado, com espelho fosco (Figura 15.1D). O banheiro terá iluminação de LED de 9 W, instalada em bocal cerâmico, fixado no teto (Figura 15.1E). A potência das lâmpadas considerou a Tabela 14.2 do Capítulo 14, sobre Eficiência Energética.

Figura 15.1 >> Luminárias.

Fios e cabos: serão utilizados cabos flexíveis da Conduspar, BWF 750V, com as seguintes características: fios de cobre eletrolítico, seção circular, têmpera mole, classe 5 de encordoamento (NBR NM 280), isolamento à base de composto de PVC, sem chumbo, antichama, classe térmica 70°C, nas bitolas 1,5 mm^2 para iluminação; 2,5 mm^2 para as tomadas e 6 mm^2 para o chuveiro.

Tomadas: serão utilizadas tomadas conforme Norma ABNT NBR 14.136:2012 (ASSOCIAÇÃO BRASILEIRA DE NORMAS TÉCNICAS, 2012b), da marca Enerbras, linha Beleze, para correntes de 10 A e 20 A. As tomadas serão simples e duplas distanciadas. Também serão utilizadas tomadas RJ-11 para telefonia.

Interruptores: os interruptores serão da marca Enerbras, linha Beleze, sendo utilizado interruptor de 1 tecla simples, intermediário, 2 teclas e 3 teclas, conforme o caso.

Já no nosso **memorial de cálculo** constarão todos os cálculos necessários ao perfeito dimensionamento de fios, cabos, eletrodutos, tomadas, interruptores e dispositivos de proteção. As plantas baixas a serem consideradas estão representadas nas Figuras 15.2 a 15.4. Não esqueça de anexar ao memorial de cálculo o material de apoio utilizado, inclusive folhetos, catálogos e tabelas.

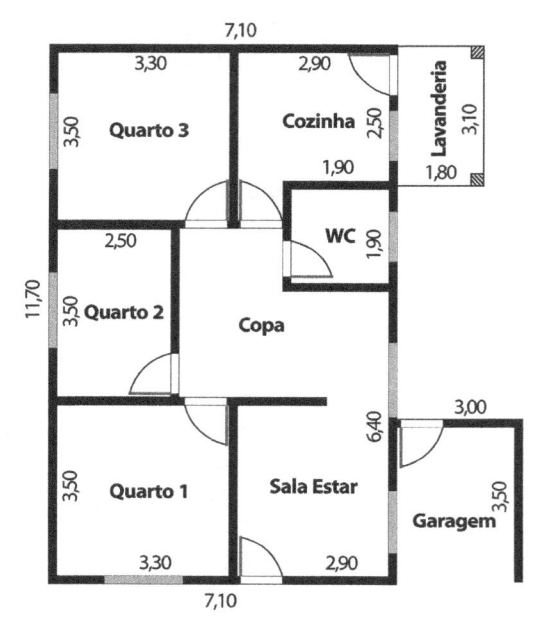

Figura 15.2 >> Planta baixa da residência considerada para este projeto.
Fonte: Autores.

Figura 15.3 >> Planta baixa e projeto elétrico da residência considerada para este projeto.
Fonte: Autores.

Legenda:
- Tomada baixa
- Tomada média
- Tomada alta
- Ponto de luz teto
- Interruptor 1 seção
- Interruptor paralelo

Figura 15.4 >> Planta baixa e projeto elétrico da residência considerada para este projeto.
Fonte: Autores.

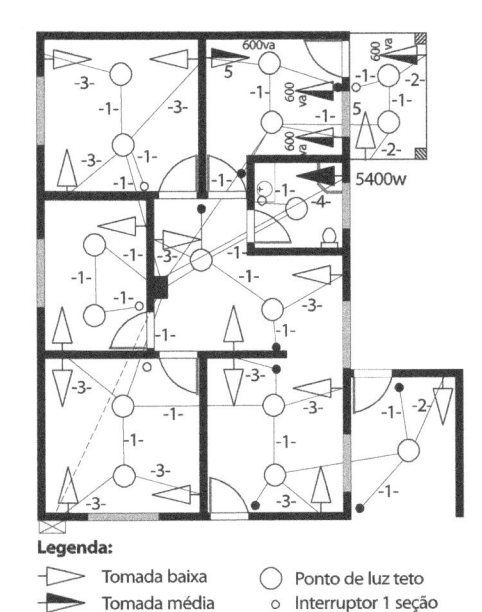

Legenda:
- Tomada baixa
- Tomada média
- Tomada alta
- Caixa de entrada
- Ponto de luz teto
- Interruptor 1 seção
- Interruptor paralelo
- Quadro de distribuição

No nosso exemplo, o memorial de cálculo conterá as informações listadas a seguir, referentes à previsão de cargas, à provável demanda e aos dimensionamentos de condutores, eletrodutos e dispositivos de proteção.

Previsão de cargas: aqui vamos estipular a quantidade de lâmpadas e tomadas, ambas com as respectivas potências, os aparelhos que serão ligados e outros equipamentos que possam demandar energia elétrica para seu funcionamento. Lembre-se de que a norma NBR 5410:2004 estabelece padrões mínimos para iluminação e tomadas (consulte Item 9.5. da norma). Deve ser previsto, portanto, pelo menos um **ponto de luz** no teto para cada cômodo ou dependência, comandado por interruptor de parede (item 9.5.2.1.1). A mesma norma (Itens 9.5.2.1.2 a e b) estabelece como potência mínima de iluminação (ASSOCIAÇÃO BRASILEIRA DE NORMAS TÉCNICAS, 2004a) 100 VA para dependências com área menores ou igual a 6 m², e 100 VA nos primeiros 6 m², acrescidos de 60 VA para cada 4 m² inteiros, no caso de dependências com metragem superior. No caso das tomadas de uso geral (TUG), a exigência é a seguinte (Itens 9.5.2.2.1 a, b, c, d, e; Itens 9.5.2.2.2 a e b):

- **Salas e dormitórios**: um ponto de tomada para cada 5 m², ou fração de perímetro. As potências das tomadas devem ser de 100 VA.
- **Banheiros**: no mínimo um ponto de tomada perto do lavatório, afastada em 60 cm, pelo menos, do box, com potência de 600 VA.
- **Cozinhas, copas, áreas de serviço, lavanderias**: uma tomada a cada 3,5 m, ou fração de perímetro. Acima da bancada da pia devem ser previstas, no mínimo, duas tomadas. As potências das tomadas devem ser de 600 VA para as três primeiras e 100 VA para as demais.
- **Garagens**: pelo menos uma tomada, independente da área, com potência de 100 VA.

Podemos organizar as informações acima em uma tabela, para melhor visualização. Considerando que serão utilizadas lâmpadas LED e econômicas, a demanda de iluminação será plenamente satisfeita, proporcionando uma sobra de potência.

Tabela 15.1 >> **Tabela de distribuição de cargas**

Dependência	Dimensões		Iluminação			TUG			TUE	
	Área (m²)	Perímetro (m)	Nº Pontos	Potência (W)	Total (W)	Nº Pontos	Potência (W)	Total (W)	Aparelho	Potência (W)
Quarto 1	11,55	13,60	3	100/60	220	3	100	300		
Quarto 2	8,75	12,00	2	100/60	160	2	100	200		
Quarto 3			3	100/60	220	3	100	300		
Cozinha			2	100/60	160	2	600	1200	Micro ondas	2000
Banheiro	3,61	7,60	1	100	100	1	600	600	Chuveiro	5400
Copa	11,10	12,70	3	100/60	220	3	100	300		
Sala de estar	10,15	12,80	2	100/60	160	3	100	300		
Lavanderia	5,58	9,98	1	100	100	1	600	600	Lava roupas	1500
Garagem	10,50	13,00	2	100/60	160	1	100	100		
Total	-	-	-	-	1500	-	-	390	-	8900

Demanda: considerando a previsão de cargas anterior, a demanda será de 14.300 W, ou 14,3 kW (soma: 1.500 + 3.900 + 8.900). Este valor corresponde à potência instalada, que coincide com a demanda máxima, caso todos os equipamentos funcionassem ao mesmo tempo. Não é o que costuma ocorrer nas residências, uma vez que nem todas as lâmpadas são acionadas durante o dia e o chuveiro, por exemplo, não fica ligado o tempo todo. O único equipamento de funcionamento ininterrupto seria a geladeira. Assim, a provável demanda pode ser estimada conforme a Tabela 15.2.

Tabela 15.2 >> **Previsão de demanda por equipamento**

Equipamento	Potência (W)
Lâmpadas	200
Geladeira	500
Lava Roupas	1500
Micro-ondas	2000
Televisão	90
Chuveiro	5400
Total	9690

O cálculo do fator de demanda será dado por:

$$FD = 9690/14300 = 0,68 \text{ ou } 68\%$$

Esse valor está dentro da necessidade diária da residência. Note que muito raramente será exigida a potência total instalada.

Dimensionamento dos condutores é o nosso próximo passo. O tema foi tratado no Capítulo 5, *Fios e cabos*. Vamos utilizar aqui o método capacidade de condução de corrente, assunto do mesmo capítulo. Os condutores serão de cobre, com isolação de PVC/70º C, protegidos por eletroduto de PVC embutido em alvenaria, na temperatura ambiente de 30º C. Todas as tabelas mencionadas nesta seção fazem parte da norma NBR 5410/2004 (ASSOCIAÇÃO BRASILEIRA DE NORMAS TÉCNICAS, 2004a) e da referência da Conduspar de cabos flexíveis BWF 750V, no caso do dimensionamento de condutores.

Assim, para o **cálculo dos condutores de iluminação**, de que tratamos no Capítulo 10, *Luminotécnica*, temos que levar em conta a Tabela 33 da norma da ABNT citada anteriormente. Lá buscaremos o método de instalação de número 7, referência B1, que se refere a condutores isolados ou cabos unipolares em eletroduto de seção circular embutido em alvenaria, material que estamos usando em nosso exemplo.

A fórmula de cálculo da corrente de projeto (I_B), como vimos no Capítulo 5, é:

$$I_B = P/V$$

Sabemos da Tabela 15.1 que o valor de P = 1.500 e V é a tensão do circuito, neste caso, 127 volts. Assim,

$$I_B = 1.500/127$$

$$I_B = 11,8 \text{ A}$$

Desse modo, temos que a corrente do projeto é de 11,8 ampères. Em outras palavras, 11,8 ampères é a corrente transportada pelo condutor até o equipamento que ele alimenta.

Mas esse valor deve ser recalculado em função das condições em que a corrente elétrica está operando. Significa dizer que temos que considerar o número de condutores carregados, conforme a Tabela 46. Quando a corrente passa pelo condutor, ela provoca um aquecimento. Quanto mais correntes e mais condutores, maior o aquecimento e, consequentemente, maior a queda na capacidade de condução da corrente e maior o risco de sobrecarga no circuito.

A situação deve ser corrigida aplicando-se um fator de correção de agrupamento (FCA), objeto da Tabela 40 da norma citada neste capítulo. Quando for consultar a Tabela, você deve escolher o circuito e examinar o caminho que ele percorre em busca do pior trecho, que seria o pedaço do circuito com maior número de circuitos. Quantos são eles? Com a resposta na mão, consulte a Tabela 42 em busca do fator de agrupamento a ser utilizado. No nosso projeto, vamos considerar um circuito monofásico com dois condutores carregados ao qual, diz a Tabela, deve ser aplicado um FCA = 1.

Da Tabela 40, retiramos a informação que um condutor com isolação de PVC à temperatura ambiente de 30º C tem um fator de correção de temperatura (FCT) = 1,00.

Assim, a corrente corrigida I_c será definida por:

$$I_c = I_B/FCT \times FCA$$

$$I_c = 11,8/1 \times 1$$

$$I_c = 11,8 \text{ A}$$

Nesse caso, a corrente corrigida do projeto é, portanto, de 11,8 ampères.

Vamos supor agora que a temperatura ambiente é de 40º C e que temos três circuitos agrupados. Ao consultar as Tabela 40 e 42 da norma da ABNT, obteríamos, respectivamente, 0,87 como fator de correção de temperatura e 0,70 como correção de agrupamento. Teríamos, então, um outro valor para corrente corrigida:

$$I_c = I_B/FCT \times FCA$$

$$I_c = 11,8/0,87 \times 0,70$$

$$I_c = 19,38 \text{ A}$$

Nossa corrente corrigida, nesse caso, é de 19,38 ampères.

Determinada a corrente, vamos definir a seção nominal do condutor. Vamos recorrer à Tabela 36 da norma da ABNT já referida e considerar isolação de PVC/70º C, temperatura ambiente de 30º C (ar), método de referência B1, dois condutores carregados. No caso da corrente de 11,8 ampères, a Tabela informa que a capacidade de corrente imediatamente superior (ou seja, a corrente da tabela) é de I_z = 14 ampères, que corresponde ao condutor com seção nominal de 1 mm² (coluna 1, linha 10). A Tabela 47 da norma especifica, nesse caso, um fio com seção nominal de 1,5 mm² para cobre. Já no caso da corrente corrigida de 19,38 A, teríamos uma corrente de tabela I_z = 24 ampères, que corresponde ao condutor com seção nominal de 2,5 mm²(coluna 1, linha 12).

Quanto aos cálculos para as tomadas, o **cálculo de dimensionamento das tomadas de uso geral** (TUG) deve considerar a divisão de circuitos, como apresentado na tabela abaixo.

Tabela 15.3 >> **Demanda por circuito**

Circuito	Potência (W)
2	700
3	2000
5	1200

No Circuito 2, composto por **garagem e lavanderia**, vamos recorrer à Tabela 33 da norma e considerar condutores isolados ou cabos unipolares em eletroduto de seção circular embutido em alvenaria (método nº 7 e referência B1).

Assim, vamos calcular a corrente de projeto I_B:

$$I_B = P/V$$
$$I_B = 700/127$$
$$I_B = 5,5 \text{ A}$$

Ou seja, nesse caso a corrente de projeto é de 5,5 ampères.

Vamos agora considerar um circuito monofásico, com dois condutores carregados com isolação de PVC e temperatura de 30º C. Sendo essa a temperatura de referência, o valor de FCT = 1,00. Esse também é o valor do FCA, atribuído pela Tabela 42, que trata de agrupamento em feixe, ao ar livre ou sobre superfície, embutido ou em conduto fechado.

Então a corrente corrigida será a seguinte:

$$I_C = I_B / \text{FCT} \times \text{FCA}$$
$$I_C = 5,5/1 \times 1$$
$$I_C = 5,5 \text{ A}.$$

A corrente corrigida é, igualmente, de 5,5 ampères.

Estabelecida a corrente corrigida, partimos para o dimensionamento dos condutos. Da Tabela 36 verificamos que a capacidade de corrente imediatamente superior a I_C = 5,5 A, ou seja, a corrente de tabela I_Z = 9 A deve receber um condutor com seção nominal de 0,5 mm² (coluna 1, linha 8). A norma determina que seja utilizado fio com seção nominal de 2,5 mm² (tabela 47: 2,5 mm² para cobre).

Vamos agora para o Circuito 3, onde estão os **quartos**, a **sala de estar** e a **copa**. Novamente usaremos o método de instalação número 7, referência B1, da Tabela 33 da norma da ABNT com que estamos trabalhando neste capítulo, que se refere a materiais embutidos em alvenaria. Os cálculos serão feitos usando as fórmulas já conhecidas. Assim, para a corrente do projeto,

$$I_B = P/V$$
$$I_B = 2000/127$$
$$I_B = 15,8 \text{ A}$$

Ou seja, a corrente de projeto é de 15,8 ampères.

Para descobrir a corrente corrigida, vamos consultar a Tabela 46 e considerar o circuito monofásico com dois condutores carregados. Na Tabela 40, mais uma vez, confirmamos que o condutor com isolação de PVC e temperatura ambiente de 30º C tem um FCT = 1,00. Da Tabela 42, retiramos a informação de que o FCA =1 para circuitos sobre superfície aparente. Assim, a corrente corrigida será:

$$I_c = I_B/FCT \times FCA$$

$$I_c = 15,8/1 \times 1$$

$$I_c = 15,8 \text{ A}$$

Para dimensionar os condutos, recorremos mais uma vez à Tabela 36, onde buscamos a informação para dutos com isolação de PVC/70º C, temperatura ambiente de 30º C, método de referência B1, dois condutores carregados, onde constatamos que a corrente de tabela é I_z = 17,5 A, o que indica o uso de um condutor com seção nominal de 2,5 mm².

Vamos pular o Circuito 4, que tem algumas especificidades, e tratar agora do Circuito 5, que abastece a **cozinha**. Repetiremos os procedimentos anteriores e encontraremos, pela Tabela 33, método de Instalação: nº 7 e referência B1 (embutidos em alvenaria), a seguinte corrente de projeto I_B:

$$I_B = P/V$$

$$I_B = 1200/127$$

$$I_B = 9,5 \text{ A}$$

Buscando a referência na Tabela 46, encontramos a indicação para circuito monofásico com dois condutores carregados. Das Tabelas 40 e 42, respectivamente, temos um FCT e um FCA equivalentes a 1, o que dá a seguinte corrente corrigida I_c:

$$I_c = I_B/FCT \times FCA$$

$$I_c = 9,5/1 \times 1$$

$$I_c = 9,5 \text{ A}$$

Buscamos então na Tabela 36 a informação sobre a capacidade de condução de corrente de tabela de condutores com isolação de PVC/70º C, temperatura ambiente de 30º C, método de referência B1, dois condutores carregados. Tal capacidade deve ser imediatamente superior a 9,5 A, o que nos leva a um I_z = 11 A, que corresponde ao condutor com seção nominal de 0,75 mm². Assim, a norma especifica o uso de um fio com seção nominal de 2,5 mm².

Entre as **tomadas de uso específico** (TUE) estão enquadradas aquelas que abastecem o chuveiro elétrico, o micro-ondas e as máquinas de lavar roupas e louças. Como as potências do micro-ondas e das máquinas de lavar estão dentro dos cálculos já realizados anteriormente, podemos utilizar cabos de 2,5 mm², que atendem às especificações.

Já o Circuito 4, composto pelo **chuveiro elétrico**, necessita um cálculo à parte.

Vamos repetir os procedimentos de pesquisa nas tabelas da NBR 5410:2004 utilizados nos circuitos 1 e 2. Pela Tabela 33, método de Instalação nº 7 e referência B1 (embutidos em alvenaria), temos a seguinte corrente de projeto I_B:

$$I_B = P/V$$

$$I_B = 5400/220$$

$$I_B = 25 \text{ A}$$

A tabela indica que um circuito bifásico deve adotar dois condutores carregados; já a Tabela 40 recomenda um FCT = 1, mesmo valor do FCA (Tabela 42). Assim, calculamos a corrente corrigida I_C:

$$I_C = I_B/\text{FCT} \times \text{FCA}$$

$$I_C = 25/1 \times 1$$

$$I_C = 25 \text{ A}$$

Consideramos agora a Tabela 36: isolação de PVC/70º C, temperatura ambiente de 30º C, método de referência B1, dois condutores carregados, onde está informado que a capacidade de corrente imediatamente superior a $I_C = 25$ A, corresponde à corrente de tabela $I_Z = 32$ A, que exige um condutor com seção nominal de 4 mm².

Desta forma, podemos considerar a fiação conforme a tabela abaixo:

Tabela 15.4 >> **Dimensionamento do cabo por circuito**

Circuito	Cabo (mm²)
1 – Iluminação	1,5
2 – Tomadas Garagem e Lavanderia	2,5
3 – Tomadas Quartos, Copa e Sala	2,5
4 – Chuveiro	4
5 – Tomadas Cozinha	2,5
Alimentação do Quadro de Distribuição	10

Dimensionamento de eletrodutos: para o dimensionamento dos eletrodutos, vamos considerar que teremos um eletroduto separado para os cabos do chuveiro, e os demais circuitos poderão compartilhar o mesmo eletroduto.

Vamos consultar o catálogo da Conduspar para cabo flexível BWF 750 V, com as seguintes características: fios de cobre eletrolítico, seção circular, têmpera mole, classe 5 de encordoamento (NBR NM 280), isolamento à base de composto de PVC, sem chumbo, antichama, classe térmica 70°C. Temos, então, as seguintes informações sobre as áreas de seção circular dos cabos utilizados (esses números podem variar dependendo do fornecedor dos cabos):

Tabela 15.5 >> **Diâmetro necessário por cabo**

Cabo (mm²)	Diâmetro Externo (mm)
1,5	2,91
2,5	3,56
4	4,08
10	5,99

De posse destes dados, passamos aos cálculos dos eletrodutos. Vamos dividir percursos dos eletrodutos pela quantidade de cabos de cada circuito (Figura 15.5):

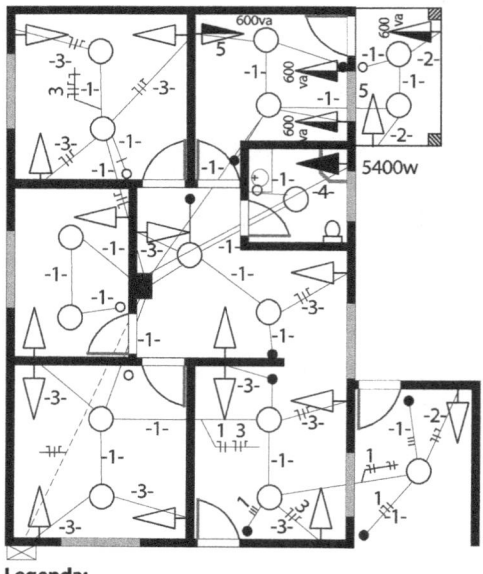

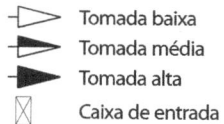

Figura 15.5 >> Planta baixa mostrando percursos dos eletrodutos pela quantidade de cabos de cada circuito.
Fonte: Autores

Legenda:
- Tomada baixa
- Tomada média
- Tomada alta
- Caixa de entrada
- Ponto de luz teto
- Interruptor 1 seção
- Interruptor paralelo
- Quadro de distribuição

Para o **eletroduto de entrada**, teremos a rede principal que alimentará o quadro de distribuição. Então entraremos com quatro cabos de 10 mm²: duas fases, um neutro e um terra.

Área dos cabos:

$$A_C = \frac{\pi}{4} d_e^2 = \frac{\pi}{4} 5,99^2 = 28,18 \, mm^2$$

Área do eletroduto:

$$A_C = \frac{t_{oc}}{A_C} A_E$$

Logo,

$$A_E = \frac{A_C}{t_{oc}} = \frac{4 \times 28,28}{0,4} = 281,8 \, mm^2$$

Diâmetro interno do eletroduto:

$$A_E = \frac{\pi}{4} d_i^2$$

Logo:

$$A_E = \sqrt{\frac{A_E 4}{\pi}} = \sqrt{\frac{281,8 \times 4}{\pi}} = 18,94 \, mm$$

Consultando uma tabela de fornecedores de eletrodutos, encontramos um eletroduto com diâmetro nominal (DN) igual a 25 mm². (Estas medidas não diferem consideravelmente entre os fornecedores brasileiros de eletrodutos).

O **chuveiro** tem eletroduto próprio, abrigando três cabos de 4 mm², duas fases e o condutor de proteção.

Área do condutor:

$$A_C = \frac{\pi}{4} d_e^2 = \frac{\pi}{4} 4,08^2 = 13,04 \, mm^2$$

Área do eletroduto:

$$N = \frac{t_{oc}}{A_C} A_E$$

Logo,

$$A_E = \frac{N A_C}{t_{oc}} = \frac{3 \times 13,04}{0,4} = 97,8 \, mm^2$$

Diâmetro interno do eletroduto:

$$A_E = \frac{\pi}{4} d_i^2$$

Logo:

$$d_i = \sqrt{\frac{A_E 4}{\pi}} = \sqrt{\frac{97,8 \times 4}{\pi}} = 11,16\ mm$$

Consultando uma tabela de fornecedores de eletrodutos, encontramos um eletroduto com diâmetro nominal (DN) igual a 16 mm².

Com este mesmo raciocínio e seguindo as indicações dadas na Figura 15.5, é possível obter o dimensionamento de todos os eletrodutos necessários.

Dimensionamento de dispositivos de proteção: para o dimensionamento dos dispositivos de proteção é aconselhável distribuir as cargas em diversos circuitos, conforme recomendado pela norma NBR 5410/2004 (item 9.5.3).

Assim, dividimos o circuito do projeto, apresentado na Figura 15.4, da seguinte forma:

Tabela 15.6

Circuito	Área	Corrente (A)
1	Iluminação interna	14
2	Tomadas Garagem e Lavanderia	9
3	Tomadas Quartos, Copa e Sala de Estar	17,5
4	Chuveiro	32
5	Tomadas Cozinha	11

Foi considerado a corrente utilizada para o dimensionamento da fiação elétrica, uma vez que os dispositivos de proteção devem proteger os fios e cabos.

Considerando os valores fornecidos na tabela acima, escolhemos dispositivos de proteção com valores inferiores aos encontrados, assim, temos:

Tabela 15.7

Circuito	Área	Disjuntor (A)
1	Iluminação interna	15
2	Tomadas Garagem e Lavanderia	10
3	Tomadas Quartos, Copa e Sala Estar	16
4	Chuveiro	35
5	Tomadas Cozinha	16

Conforme Tabela 36 – Isolação de PVC/70º C, temperatura ambiente de 30º C, método de referência B1, dois condutores carregados, utilizada para o cálculo da área de seção do cabo e os valores dos disjuntores acima, podemos notar que todos os cabos estão protegidos.

» Entrada de energia

A solicitação de entrada de energia deve obedecer aos padrões estabelecidos pela concessionária local. Basicamente, para o fornecimento residencial e predial, as concessionárias estabelecem como padrões o fornecimento dentro das tensões monofásicas a dois fios (127 V, fase-neutro), bifásicas a dois fios (220 V, fase-fase), bifásicas a três fios (220 V, fase-fase-neutro) e trifásico a três fios (380 V, fase-fase-fase-neutro).

No caso deste exemplo, será solicitado a entrada bifásica a três fios (220 V, fase-fase-neutro).

» Sistema de aterramento

Como já vimos no Capítulo 11, todo tipo de instalação elétrica exige um sistema de aterramento capaz de garantir principalmente a proteção de pessoas. Em uma instalação residencial, como a deste exemplo, usamos uma única haste para este fim. Esta haste poderá ser de 2,5 m. Uma vez enterrada a haste, devemos ligar o fio terra. A bitola dele deve acompanhar a bitola do fio fase, regra válida até cabos de 16mm². A partir disso, a bitola do fio terra pode apresentar a metade da dimensão do fio fase. Este condutor deverá ser ligado à haste, conforme a Figura 15.6, e levado até o quadro geral.

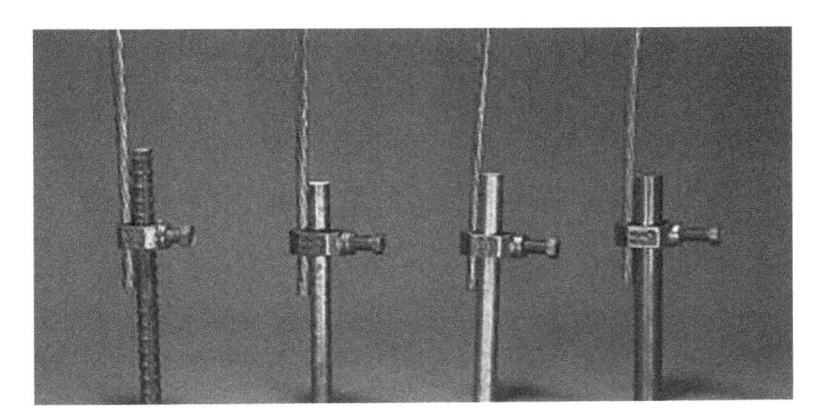

Figura 15.6 » Conexão da haste de aterramento com o condutor.

No quadro geral, ligamos este condutor à barra de terra, de onde será distribuído para cada circuito, conforme mostra a Figura 15.7. Para os cabos terra utilize as cores verde e/ou amarelo.

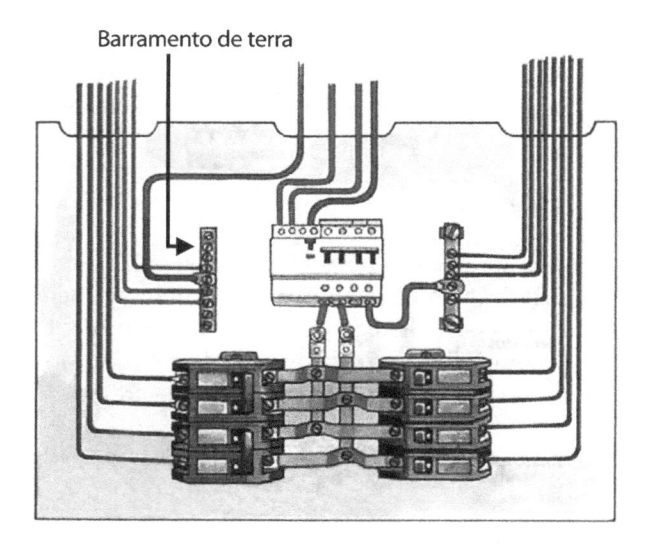

Figura 15.7 >> Ligação dos cabos terra no quadro geral.

Não há necessidade de fazermos outro tipo de colocação de hastes para o aterramento. Mas, se desejarmos, podemos escolher uma das opções abaixo (Figura 15.8):

d = distância entre hastes
h = comprimento das hastes

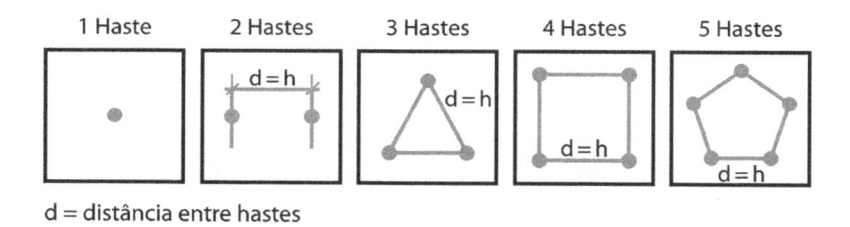

Figura 15.8 >> Formas de colocação de hastes.

As hastes devem ser interligadas e somente um condutor deve ser levado ao quadro geral.

Usamos aqui um exemplo simples de projeto, para que ficasse claro o passo a passo. O importante é seguir esta sequência, contar com um bom planejamento e uma boa previsão de carga. Um projeto precisa ser claro, de fácil entendimento, sempre seguindo as normas pertinentes. É fundamental que seja facilmente interpretado por todos os envolvidos na sua execução.

Referências

ABRACOPEL. *Número de acidentes com eletricidade em 2014 dão um salto*. Salto: Abracopel, 2015. Disponível em: <http://abracopel.org/blog/numero-de-acidentes-com-eletricidade-em-2014-dao-um-salto/>. Acesso em: 20 mar. 2016.

AGÊNCIA NACIONAL DE ENERGIA ELÉTRICA. *BIG*: Banco de Informações de Geração. Brasília, DF: ANEEL, 2016. Disponível em: <http://www2.aneel.gov.br/aplicacoes/capacidadebrasil/capacidadebrasil.cfm>. Acesso em: 20 mar. 2016.

AGÊNCIA NACIONAL DE ENERGIA ELÉTRICA. *Nota Técnica no 083/2012-SEM/ANEEL*. Brasília, DF: ANEEL, 2012. Disponível em: <http://www2.aneel.gov.br/aplicacoes/audiencia/arquivo/2012/063/documento/nt_083_2012_ap_2012_anexos_regras_novo_scl.pdf>. Acesso em: 20 mar. 2016.

AGÊNCIA NACIONAL DE ENERGIA ELÉTRICA. *Programa de eficiência energética*. Brasília, DF: ANEEL, 2013. Disponível em: <http://www2.aneel.gov.br/biblioteca/downloads/livros/revista_pee_ago_01.pdf>. Acesso em: 20 mar. 2016.

ARMAZÉM D'TUDO. *Tomada padrão modular para telefone 2 vias preto Ilumi*. Maringá: [s. n.], c2016. Disponível em: <http://www.armazemdtudo.com.br/produto/1459-tomada-padrao-modular-para-telefone-2-vias-preto-ilumi>. Acesso em: 08 ago. 2016.

APEX TOOL GROUP. *Catálogo de produtos*: Belzer. Sorocaba: Apex Tool Group, c2000-2014. Disponível em: <http://www.apextoolgroup.com.br/catalogo_pdf.cfm>. Acesso em: 20 mar. 2016.

ASSOCIAÇÃO BRASILEIRA DE NORMAS TÉCNICAS. *NBR 5410:2004*: instalações elétricas de baixa tensão. São Paulo: ABNT, 2004a.

ASSOCIAÇÃO BRASILEIRA DE NORMAS TÉCNICAS. *NBR 5413:1992*: iluminância de interiores - procedimento. São Paulo: ABNT, 1992.

ASSOCIAÇÃO BRASILEIRA DE NORMAS TÉCNICAS. *NBR 5444:1989*: símbolos gráficos para instalações elétricas prediais. São Paulo: ABNT, 1989. Norma extinta em 2014.

ASSOCIAÇÃO BRASILEIRA DE NORMAS TÉCNICAS. *NBR 7117:2012*: medição da resistividade e da determinação da estratificação do solo. São Paulo: ABNT, 2012a.

ASSOCIAÇÃO BRASILEIRA DE NORMAS TÉCNICAS. *NBR 7286:2001*: cabos de potência com isolação extrudada de borracha etilenopropileno (EPR) para tensões de 1 kV a 35 kV - requisitos de desempenho. São Paulo: ABNT, 2001.

ASSOCIAÇÃO BRASILEIRA DE NORMAS TÉCNICAS. *NBR 7287:2009*: cabos de potência com isolação sólida extrudada de polietileno reticulado (XLPE) para tensões de isolamento de 1 kV a 35 kV - requisitos de desempenho. São Paulo: ABNT, 2009a.

ASSOCIAÇÃO BRASILEIRA DE NORMAS TÉCNICAS. *NBR 7288:1994*: cabos de potência com isolação sólida extrudada de policloreto de polivinila (PVC) ou polietileno (PE) para tensões de 1 kV a 6 kV. São Paulo: ABNT, 1994.

ASSOCIAÇÃO BRASILEIRA DE NORMAS TÉCNICAS. *NBR 8661:1997*: cabos de formato plano com isolação extrudada de cloreto de polivinila (PVC) para tensão até 750V - especificação. São Paulo: ABNT, 1997.

ASSOCIAÇÃO BRASILEIRA DE NORMAS TÉCNICAS. *NBR 9311:1986*: cabos elétricos isolados - designação - classificação. São Paulo: ABNT, 1986.

ASSOCIAÇÃO BRASILEIRA DE NORMAS TÉCNICAS. *NBR 10898:2013*: sistema de iluminação de emergência. São Paulo: ABNT, 2013a.

ASSOCIAÇÃO BRASILEIRA DE NORMAS TÉCNICAS. *NBR 11301:1990*: cálculo da capacidade de condução de corrente de cabos isolados em regime permanente (fator de carga 100%) – procedimento. São Paulo: ABNT, 1990.

ASSOCIAÇÃO BRASILEIRA DE NORMAS TÉCNICAS. *NBR 13534:2008*: instalações elétricas de baixa tensão - requisitos específicos para instalação em estabelecimentos assistenciais de saúde. São Paulo: ABNT, 2008a.

ASSOCIAÇÃO BRASILEIRA DE NORMAS TÉCNICAS. *NBR 13570:1996*: instalações elétricas em locais de afluência de público - requisitos específicos. São Paulo: ABNT, 1996.

ASSOCIAÇÃO BRASILEIRA DE NORMAS TÉCNICAS. *NBR 14039:2005*: instalações elétricas de média tensão de 1,0 kV a 36,2 kV. São Paulo: ABNT, 2005b.

ASSOCIAÇÃO BRASILEIRA DE NORMAS TÉCNICAS. *NBR 14136:2012 (Versão Corrigida 4:2013)*: plugues e tomadas para uso doméstico e análogo até 20 A/250 V em corrente alternada - padronização. São Paulo: ABNT, 2012b.

ASSOCIAÇÃO BRASILEIRA DE NORMAS TÉCNICAS. *NBR 14639:2014*: Armazenamento de líquidos inflamáveis e combustíveis - posto revendedor veicular (serviços) e ponto de abastecimento - instalações elétricas. São Paulo: ABNT, 2014.

ASSOCIAÇÃO BRASILEIRA DE NORMAS TÉCNICAS. *NBR 15465:2008*: sistemas de eletrodutos plásticos para instalações elétricas de baixa tensão - requisitos de desempenho. São Paulo: ABNT, 2008b.

ASSOCIAÇÃO BRASILEIRA DE NORMAS TÉCNICAS. *NBR 15688:2012*: redes de distribuição aérea elétrica com condutores nus. São Paulo: ABNT, 2012c.

ASSOCIAÇÃO BRASILEIRA DE NORMAS TÉCNICAS. *NBR 15751:2013*: sistemas de aterramento de subestações - requisitos. Parte 1: requisitos gerais. São Paulo: ABNT, 2013b.

REFERÊNCIAS

ASSOCIAÇÃO BRASILEIRA DE NORMAS TÉCNICAS. *NBR IEC 60309-1:2005*: plugues, tomadas e acopladores para uso industrial. Parte 1: requisitos gerais. São Paulo: ABNT, 2005c.

ASSOCIAÇÃO BRASILEIRA DE NORMAS TÉCNICAS. *NBR IEC 60439-1:2003*: conjuntos de manobra e controle de baixa tensão. Parte 1: conjuntos com ensaio de tipo totalmente testados (TTA) e conjuntos com ensaio de tipo parcialmente testados (PTTA). São Paulo: ABNT, 2003.

ASSOCIAÇÃO BRASILEIRA DE NORMAS TÉCNICAS. *NBR IEC 60598-2-18 Ed. 2.0 b:1993*: luminárias. Parte 2: requisitos particulares. Secção 18: luminárias para piscinas e aplicações semelhantes. São Paulo: ABNT, 1993.

ASSOCIAÇÃO BRASILEIRA DE NORMAS TÉCNICAS. *NBR IEC 60601-1-6 Ed. 3.0 b:2011*: equipamento eletromédico. São Paulo: ABNT, 2011a.

ASSOCIAÇÃO BRASILEIRA DE NORMAS TÉCNICAS. *NBR IEC 60906-1 Ed. 2.0 b:2009*: IEC system of plugs and socket-outlets for household and similar purposes - Part 1: plugs and socket-outlets 16 A 250 V a.c. São Paulo: ABNT, 2009b.

ASSOCIAÇÃO BRASILEIRA DE NORMAS TÉCNICAS. *NBR ISO 5419:2009*: brocas helicoidais - termos, definições e tipos. São Paulo: ABNT, 2009c.

ASSOCIAÇÃO BRASILEIRA DE NORMAS TÉCNICAS. *NBR ISO/CIE 8995-1:2013*: iluminação de ambientes de trabalho. Parte 1: interior. São Paulo: ABNT, 2013c.

ASSOCIAÇÃO BRASILEIRA DE NORMAS TÉCNICAS. *NBR NM 247-3:2002*: cabos isolados com policloreto de vinila (PVC) para tensões nominais até 450/750 V, inclusive. São Paulo: ABNT, 2002.

ASSOCIAÇÃO BRASILEIRA DE NORMAS TÉCNICAS. *NBR NM 280:2011*: condutores de cabos isolados. São Paulo: ABNT, 2011b.

ASSOCIAÇÃO BRASILEIRA DE NORMAS TÉCNICAS. *NBR NM 60669-1:2004*: interruptores para instalação elétricas fixas domésticas e análogas. Parte 1: requisitos gerais (IEC 60669-1:2000, MOD). São Paulo: ABNT, 2004b.

ASSOCIAÇÃO BRASILEIRA DE NORMAS TÉCNICAS. *NBR NM 60884-1:2010*: plugues e tomadas para uso doméstico e análogo. Parte 1: requisitos gerais (IEC 60884-1:2006 MOD). São Paulo: ABNT, 2010.

ATX FERRAMENTAS. *Broca de madeira 8pçs*. ATX, [c2016]. Disponível em: http://atxferramentas.com.br/verproduto.asp?codproduto=637>. Acesso em: 08 ago. 2016.

BRASIL. *Decreto-Lei nº 5.452, de 1 de maio de 1943*. Aprova a Consolidação das Leis do Trabalho. Brasília, DF, 1943. Disponível em: <http://www.planalto.gov.br/ccivil_03/decreto-lei/Del5452.htm>. Acesso em: 20 mar. 2016.

BRASIL. *Lei nº 6.496, de 7 de dezembro de 1977*. Brasília, DF, 1977.

BRASIL. Ministério de Minas e Energia. *Portaria Interministerial nº 1.007, de 31 de dezembro de 2010*. Brasília, DF: MME, 2010. Disponível em: <http://www.mme.gov.br/documents/10584/904396/Portaria_interministral+1007+de+31-12-2010+Publicado+no+DOU+-de+06-01-2011/d94edaad-5e85-45de-b002-f3ebe91d-51d1?version=1.1>. Acesso em: 20 mar. 2016.

BRASIL. Ministério do Trabalho e Emprego. *NR10*: Norma regulamentadora 10. Brasília, DF: MTE, 2004a.

BRASIL. Ministério do Trabalho e Emprego. *Portaria MTE nº 598, 07 de dezembro de 2004*: altera NR 10. Brasília, DF, 2004b. Disponível em: <http://www.anest.org.br/pdf/leg_portaria_009.pdf>. Acesso em: 20 mar. 2016.

BRASIL. Ministério do Trabalho e Previdência Social. *NR 6*: Equipamento de Proteção Individual - EPI. Brasília, DF: MTPS, 1978. Disponível em: <http://www.mtps.gov.br/images/Documentos/SST/NR/NR6.pdf>. Acesso em: 20 mar. 2016.

CAMARGO, C. *Smart Grid*: a rede elétrica inteligente. Curitiba: TecMundo, 2009. Disponível em: <http://www.tecmundo.com.br/3008-smart-grid-a-rede-eletrica-inteligente.htm>. Acesso em: 20 mar. 2016.

CASA & VIDEO. *Jogo de brocas combinadas 5 peças D-03894 Makita*. Rio de Janeiro: Casa & Video, [c2016]. Disponível em: <http://www.casaevideo.com.br/webapp/wcs/stores/servlet/pt/auroraesite/jogo-de-brocas-combinadas-5-pe%C3%A7as-d-03894-makita>. Acesso em: 08 ago. 2016.

CASAS BAHIA. *Tomada telefone 4P Tel+Rj11 - 57111050 - Tramontina Forjasul Eletrik*. [São Paulo: s. n., c2016]. Disponível em: <http://www.casasbahia.com.br/MaterialparaConstrucao/EletricaparaConstrucao/Tomadase-Placas/Tomada-Telefone-4P-Tel-Rj11---57111050---Tramontina-Forjasul-Eletrik-7070219.html>. Acesso em: 08 ago. 2016.

CENTRO BRASILEIRO DE INFORMAÇÃO DE EFICIÊNCIA ENERGÉTICA. *Procel info*. Rio de Janeiro: Procel; Eletrobras, c2006. Disponível em: <http://www.procelinfo.com.br/>. Acesso em: 20 mar. 2016.

COMANDOS LÓGICO. *Conceito dos componentes utilizados na indústria*. [S. l. : s. n.], c2016. Disponível em: <http://comandoslogico.blogspot.com.br/2015/07/conceito-dos-componentes-utilizados-na.html>. Acesso em: 08 ago. 2016.

COMAT RELECO. *Contator de impulso*: chaveando altas cargas com um pulso. São Caetano do Sul: Comat Releco do Brasil, c2014. Disponível em: <https://www.comatreleco.com.br/contator-de-impulso>. Acesso em: 08 ago. 2016.

COMPANHIA PARANAENSE DE ENERGIA. *NTC 901100*: fornecimento em tensão secundária de distribuição. Curitiba: COPEL, 1997. Disponível em: <http://www.eletrica.ufpr.br/pedroso/2009/TE144/Ref/FornecimentoRedeSecundaria.pdf>. Acesso em: 20 mar. 2016.

COMPANHIA PARANAENSE DE ENERGIA. *NTC 903100*: fornecimento em tensão primária de distribuição. Curitiba: COPEL, 2012. Disponível em: <https://www.copel.com/hpcopel/normas/ntcarquivos.nsf/6ACD0042883FA54D-032578DA00606E34/$FILE/NTC903100.pdf>. Acesso em: 21 mar. 2016.

CONDUSPAR CONDUTORES ELÉTRICOS. *Produtos*. São José dos Pinhais: Conduspar, [2016]. Disponível em: <http://www.conduspar.com.br/?q=pt-br/produtos>. Acesso em: 20 mar. 2016.

CONSELHO FEDERAL DE ENGENHARIA E AGRONOMIA. *Resolução n° 1.025, de 30 de outubro de 2009*. Brasília, DF: CONFEA, 2009. Disponível em: <http://www.confea.org.br/cgi/cgilua.exe/sys/start.htm?sid=1192>. Acesso em: 20 mar. 2016.

COPAFER. *Lâmpada Soft 40W 127V - SOFT127V40I – PHILIPS*. [São Paulo: s. n., c2016]. Disponível em: <http://www.copafer.com.br/lampada-soft-40w-127v-soft-127v40i-philips/p8459060>. Acesso em: 08 ago. 2016.

ELETROBRAS. *Na trilha da energia*. Rio de Janeiro: Eletrobras, c2010. Disponível em: <http://www.eletrobras.com/elb/natrilhadaenergia/main.asp>. Acesso em: 20 mar. 2016.

ELETROLUZ. *Fusíveis*. [S. l.: s. n., c2016]. Disponível em: <http://www.eletroluz.com.br/produtos.php?dep=15#>. Acesso em: 08 ago. 2016.

ENERBRAS. *Produtos*. Campo Largo: Enerbras Materiais Elétricos LTDA, [2015]. Disponível em: <www.enerbras.com.br>. Acesso em: 20 mar. 2016.

EXATRON. Porto Alegre: Exatron, [2016]. Disponível em: <http://lojaexatron.com.br/>. Acesso em: 20 mar. 2016.

FRAGA, F. N.; MEDEIROS, L. H. A. de. *Uma proposta de metodologia para modernização e otimização de projetos de malhas de terra de subestações*. São Paulo: O Setor Elétrico, 2010. Disponível em: <http://www.osetoreletrico.com.br/web/component/content/article/57-artigos-e-materias/454-uma-proposta-de-metodologia-para-modernizacao-e-otimizacao-de-projetos-de-malhas-de-terra-de-subestacoes.html/>. Acesso em: 20 mar. 2016.

GEDORE. *Grupos de produtos*. São Leopoldo: Gedore, [2015]. Disponível em: <http://catalogo.gedore.com.br/>. Acesso em: 20 mar. 2016.

JNG. *Fusível tipo Diazed (DZ)*. São Paulo: JNG, 2016. Disponível em: <http://www.jng.com.br/produtos-detalhes.asp?idprod=124>. Acesso em: 08 ago. 2016.

LOJA TUDO. *Lâmpada incandescente vela 40W leitosa 127V Sadokin 272*. [São Paulo: s. n., c2016]. Disponível em: <http://www.lojatudo.com.br/luz-iluminacao/lampada-incandescente-vela-40w-leitosa-127v-sadokin-272.html>. Acesso em: 08 ago. 2016.

LOWE'S. *Decorative incandescent light bulbs*. [S. l.: s. n.], c2016. Disponível em: <http://www.lowes.com/pl/Decorative-incandescent-light-bulbs-Incandescent-light-bulbs-Light-bulbs-Lighting-ceiling-fans/4294801194>. Acesso em: 08 ago. 2016.

MARINE CURRENT TURBINES. *Enhanced ROC Banding for Tidal Stream announced by DECC*: MCT's response. London: Marine Current Turbines, [2016]. Disponível em: <http://www.marineturbines.com/3/news/article/52/enhanced_roc_banding_for_tidal_stream_announced_by_decc___mct_s_response>. Acesso em: 20 mar. 2016.

MERCADO LIVRE. *Conector tomada Rj45 Femea Cat6 branco Keystone caixa 4x2*. [S. l.: s. n, c1999-2016a]. Disponível em: <http://produto.mercadolivre.com.br/MLB-715318035-conector-tomada-rj45-femea-cat6-branco-keystone-caixa-4x2-_JM>. Acesso em: 08 ago. 2016.

MERCADO LIVRE. *Kit de 200 lâmpadas incandescente 40w 220v – Cema*. [S. l.: s. n, c1999-2016b]. Disponível em: <http://produto.mercadolivre.com.br/MLB-735780857-kit-de-200-lampadas-incandescente-40w-220v-cema-_JM>. Acesso em: 08 ago. 2016.

PANTOJA ENGINEERING AND CONSULTANT. *Cuidado com a tensão de toque e passo*: emprego da derivação isolada para descida junto as edificações. São Paulo: Pantoja Engineering and Consultant, 2013. Disponível em: <http://www.pantojaindustrial.com/exibir.php?id=216>. Acesso em: 20 mar. 2016.

PROESI. *Fusível cartucho gG/gL 10X38 retardo 380V - 32A*. [S. l. : s. n., c2016]. Disponível em: <http://proesi.com.br/catalog/product/view/_ignore_category/1/id/5817/s/fusivel-cartucho-gg-gl-10x38-retardo-380v-32a/>. Acesso em: 08 ago. 2016.

STARRETT. *Catálogos virtuais*. Itu: Starrett, c2016. Disponível em: <http://www.starrett.com.br/catalogos/>. Acesso em: 20 mar. 2016.

TELHA NORTE. *Interruptor triplo paralelo 10A sem placa branco Bari Alumbra*. [São Paulo: s. n., 2013]. Disponível em: <http://www.telhanorte.com.br/interruptor-triplo-paralelo-10a-sem-placa-branco-bari-alumbra-1123483/p>. Acesso em: 08 ago. 2016.

TERMOTÉCNICA. *SPDA estrutural*. Belo Horizonte: Termotécnica, c2016. Disponível em: <https://tel.com.br/conteudo-tecnico/spda-estrutural/>. Acesso em: 20 mar. 2016.

TIGRE. *Produtos*. Joinville: Tigre, c2016. Disponível em: <www.tigre.com.br>. Acesso em: 20 mar. 2016.

TRAMONTINA PRO. *Catálogo*. Porto Alegre: Tramontina, c2015. Disponível em: <http://tramontinapro.com.br/pt-br/catalogos>. Acesso em: 20 mar. 2016.

VOLKSWAGEN. *Imprensa Volkswagen*. São Bernardo do Campo: Volkswagen do Brasil, c2016. Disponível em: <http://www.vwbr.com.br/ImprensaVW/page/Pequena-Central-Hidreletrica.aspx>. Acesso em: 20 mar. 2016.

VORMELEK FORMELEC. *Mise à la terre et liaisons équipotentielles*: dans une installation électrique résidentielle. Bruxelles: Formelec, c2013. Disponível em: <http://www.stroomopwaarts.be/sites/stroomopwaarts.be/files/vormelek_lespakket_aarding_fr.pdf>. Acesso em: 20 mar. 2016.

WIKIMEDIA. *Biodigestor*. [S.l.]: Wikimedia, [2015]. Disponível em: <https://upload.wikimedia.org/wikipedia/commons/5/55/Biodigestor.JPG>. Acesso em: 20 mar. 2016.

LEITURAS RECOMENDADAS

ASSOCIAÇÃO BRASILEIRA DE NORMAS TÉCNICAS. *ABNT catálogo*. São Paulo: ABNT, c2015. Disponível em: <http://www.abntcatalogo.com.br/>. Acesso em: 20 mar. 2016.

ASSOCIAÇÃO BRASILEIRA DE NORMAS TÉCNICAS. *NBR 5597:2013*: eletroduto de aço-carbono e acessórios, com revestimento protetor e rosca NPT - requisitos. São Paulo: ABNT, 2013.

ASSOCIAÇÃO BRASILEIRA DE NORMAS TÉCNICAS. *NBR 5598:2013*: eletroduto de aço-carbono e acessórios, com revestimento protetor e rosca BSP - requisitos. São Paulo: ABNT, 2013.

ASSOCIAÇÃO BRASILEIRA DE NORMAS TÉCNICAS. *NBR 5624:2011*: eletroduto rígido de aço-carbono, com costura, com revestimento protetor e rosca ABNT NBR 8133 - requisitos. São Paulo: ABNT, 2011.

ASSOCIAÇÃO BRASILEIRA DE NORMAS TÉCNICAS. *NBR 13057:2011*: eletroduto rígido de aço-carbono, com costura, zincado eletroliticamente e com rosca ABNT NBR 8133 - Requisitos. São Paulo: ABNT, 2011.

ASSOCIAÇÃO BRASILEIRA DE NORMAS TÉCNICAS. *NBR NM 60335-1:2010*: segurança de aparelhos eletrodomésticos e similares. Parte 1: requisitos gerais (IEC 60335-1:2006 - edição 4.2, MOD). São Paulo: ABNT, 2010.

ASSOCIAÇÃO BRASILEIRA DE NORMAS TÉCNICAS. *NBR NM IEC 60335-2-25:2006*: segurança de aparelhos eletrodomésticos e similares. Parte 2-25: requisitos específicos para fornos micro-ondas. São Paulo: ABNT, 2006.

ASSOCIAÇÃO BRASILEIRA DE NORMAS TÉCNICAS. *NBR NM IEC 60947-1:2013*: dispositivo de manobra e comando de baixa tensão. Parte 1: regras gerais. São Paulo: ABNT, 2013.

CAVALIN, G.; CERVELIN, S. *Instalações elétricas prediais*. Curitiba: Base, 2010.

CELPE. *O que é eficiência energética*. [S.l.]: Neoenergia, c2013. Disponível em: <http://www.celpe.com.br/Pages/Efici%C3%AAncia%20Energ%C3%A9tica/o-que-e--ef-energetica.aspx>. Acesso em: 20 mar. 2016.

COMPANHIA ENERGÉTICA DE MINAS GERAIS. *Manual de instalações elétricas residenciais*. Belo Horizonte: CEMIG, 2003. Disponível em: <http://pt.scribd.com/doc/49894598/102/–-Conceitos-sobre-Grandezas-Fotometricas>. Acesso em: 10 abr. 2015.

CONSELHO REGIONAL DE ENGENHARIA E AGRONOMIA DO DISTRITO FEDERAL. *O que é ART?* Brasília, DF: CREA-DF, c2015. Disponível em: <http://www.creadf.org.br/index.php/template/lorem-ipsum/o-que-e-art>. Acesso em: 18 set. 2014.

CONSELHO REGIONAL DE ENGENHARIA E AGRONOMIA DO PARANÁ. *ART*. Curitiba: CREA-PR, 2016. Disponível em: <http://produtos-servicos.crea-pr.org.br/index.php?option=com_content&view=article&id=83&Itemid=21>. Acesso em: 18 set. 2014.

COPEL. Curitiba: COPEL, c2011. Disponível em: <www.copel.com>. Acesso em: 20 mar. 2016.

COTRIM, A. A. M. B. *Instalações elétricas*. 5. ed. São Paulo: Pearson, 2010.

CREDER, H. *Instalações elétricas*. 15. ed. São Paulo: LTC, 2008.

CREDER, H. *Manual do instalador eletricista*. 2. ed. São Paulo: LTC, 2004.

CRUZ, E. C. A.; ANICETO, L. A. *Instalações elétricas*: fundamentos, prática e projetos em instalações residenciais e comerciais. São Paulo: Érica, 2011.

EFICIEN. *O que é eficiência energética*. Sorocaba: Eficien, [2016?]. Disponível em: <http://www.eficien.com.br/o--que-e-eficiencia-energetica/>. Acesso em: 20 mar. 2016.

ELECON. *Catálogo*. Guarulhos: Elecon, [2016?]. Disponível em: <http://elecon.com.br/book/2?phpMyAdmin=b-sSkDsnye2Yrjzo4poN5FZZgc1>. Acesso em: 20 mar. 2016.

FONSECA, R. S. *Iluminação elétrica*. São Paulo: McGraw--Hill, 1978.

GUERRINI, D. P. *Iluminação*: teoria e projeto. 2. ed. São Paulo: Érica, 2008.

INSTITUTO Nacional de Eficiência Energética. Rio de Janeiro: INEE, [2015?]. Disponível em: <http://www.inee.org.br/eficiencia_o_que_eh.asp?Cat=eficiencia>. Acesso em: 20 mar. 2016.

LIMA FILHO, D. L. *Projeto de instalações elétricas prediais*. 12. ed. São Paulo: Érica, 2013.

MAMEDE FILHO, J. *Instalações elétricas industriais*. Rio de Janeiro: LTC, 1986.

NISKIER, J. *Instalações elétricas*. 5. ed. São Paulo: LTC, 2008.

NISKIER, J. *Manual de instalações elétricas*. São Paulo: LTC, 2005.

NOGUEIRA, Salvador. O que é a luz? *Super Interessante*, São Paulo, jun. 2007.

OSRAM. *Manual luminotécnico prático*. Osasco: OSRAM, [2000]. Disponível em: <http://joinville.ifsc.edu.br/~luis.nodari/Luminot%C3%A9cnica/Manual%20de%20Luminot%C3%A9cnica%20Osram/3.42___Manual_Luminotecnico_Pratico_OSRAM_(2000).pdf>. Acesso em: 20 mar. 2016.

PHILIPS. *Guia de iluminação 2005*. Barueri: Philips Lighting Holding B.V., 2005.

PHILIPS. *Localizador de produtos*. Barueri: Philips Lighting Holding B.V., c2016. Disponível em: <http://www.lighting.philips.com.br/habitacao>. Acesso em: 20 mar. 2016.

PRYSMIAN Group Brasil. Santo André: Prysmian, c2016. Disponível em: <www.prysmian.com.br>. Acesso em: 20 mar. 2016.

SOLARWATERS. Lisboa: SolarWaters, c2006. Disponível em: <http://www.solarwaters.pt/led>. Acesso em: 20 mar. 2016.

SOUZA, J. R. A.; MORENO, H. Guia EM da NBR 5410:1997. *Revista Eletricidade Moderna*, São Paulo, 2001.